BAIZHONG GUANSHANG ZHIWU
SHISHU TUJIAN

百种观赏植物
诗书图鉴

刁俊明　廖富林　刁嘉程　刘德良　杨期和　杨和生◎著

暨南大学出版社
JINAN UNIVERSITY PRESS

中国·广州

图书在版编目（CIP）数据

百种观赏植物诗书图鉴/刁俊明，廖富林，刁嘉程，刘德良，杨期和，杨和生著. —广州：暨南大学出版社，2018.4

ISBN 978 - 7 - 5668 - 2361 - 8

Ⅰ.①百…　Ⅱ.①刁…②廖…③刁…④刘…⑤杨…⑥杨…　Ⅲ.①观赏植物—图谱
Ⅳ.①S68 - 64

中国版本图书馆 CIP 数据核字（2018）第 068325 号

百种观赏植物诗书图鉴
BAIZHONG GUANSHANG ZHIWU SHISHU TUJIAN

著　者：刁俊明　廖富林　刁嘉程　刘德良　杨期和　杨和生

出 版 人：徐义雄
策划编辑：张仲玲
责任编辑：亢东昌　黄　球
责任校对：何　力
责任印制：汤慧君　周一丹

出版发行：暨南大学出版社（510630）
电　　话：总编室（8620）85221601
　　　　　营销部（8620）85225284　85228291　85228292（邮购）
传　　真：（8620）85221583（办公室）　85223774（营销部）
网　　址：http：//www.jnupress.com
排　　版：广州市天河星辰文化发展部照排中心
印　　刷：佛山市浩文彩色印刷有限公司
开　　本：787mm×1092mm　1/16
印　　张：7.5
字　　数：180 千
版　　次：2018 年 4 月第 1 版
印　　次：2018 年 4 月第 1 次
定　　价：39.80 元

（暨大版图书如有印装质量问题，请与出版社总编室联系调换）

前　言

　　我们长期从事植物的研究与应用，深刻认识到植物对人类的生存、生活及其环境起着至关重要的作用。植物种类繁多，且各具独特的形态特征及应用价值。植物千姿百态，惹人喜爱。人们在长期的生产和生活实践中，逐渐对植物产生了深厚的感情，从而使许多植物成为人们抒发情感、坚定意志和追求理想的载体，形成了丰富的植物文化。古往今来，有许多赞美植物的诗词。例如，贺知章的《咏柳》、王安石的《梅花》、杨万里的《晓出净慈寺送林子方》和毛泽东的《卜算子·咏梅七律》等，脍炙人口，千古流传。如何把常见观赏植物的科普知识、园林绿化应用和植物文化融为一体，用诗歌、彩图等形式体现出来，让人们更好地认识和欣赏，是值得我们认真深入研究的课题。

　　我们经过多年的研究和创作，最终撰写出《百种观赏植物诗书图鉴》。本书将人们常见的100种观赏植物按乔木类、灌木类、草本类、藤本类和水生类依次排列，对每种植物的名称、别名、科属、特征、习性和园林用途及其植物文化等进行精炼的阐述，还首次赋予有些植物以文化内涵。同时，每种植物配有全株、花型、叶型或果型的高清彩图，以便于读者辨认。本书的特色是我们把每种观赏植物的识别特征、园林绿化应用和植物文化融为一体，创作出朗朗上口的七言八句诗歌，并将所作诗歌用楷书书写出作品，以中国风画轴的形式唯美展现，将科学与文学、植物图片与书法融汇起来，达到科学性与艺术性的统一，具有植物鉴赏和诗书图赏的双重作用。读者可以通过阅读彩图和诗歌，更加直观地认识、了解和识别这些观赏植物，感受这些观赏植物的美和其在净化空气、美化环境中的作用，尽情享受观赏植物带来的乐趣。本书是一部集植物鉴赏和实用价值与诗书鉴赏于一体、图文并茂的园林植物学读物。

　　百种观赏植物的七言诗歌由刁俊明所作，楷书作品由刁俊明所书。百种观赏植物的全株图、花型图、叶型图和果型图的彩色照片由刁俊明、廖富林、刁嘉程和杨和生拍摄提供。百种观赏植物的识别特征等科普知识由刁俊明、廖富林、刁嘉程、刘德良、杨期和、杨和生共同撰写。

　　本书的顺利出版，得到了嘉应学院和暨南大学出版社领导的关心和支持，得到了吴利平老师的大力支持，也得到了梅州市云泥轩书画院和朋友邱浩浩、朱玮宗和林嘉应先生的帮助，嘉应学院生命科学学院的钟志发、李月容和黄珊等卓越教师班学生帮助输入书稿。作者谨此致以诚挚的谢意！

　　限于作者水平，难免出现错漏，不妥之处，敬请赐正。

作　者

2017 年 12 月

目录

CONTENTS

一

乔木类
QIAOMULEI

银 杏

名称	银杏
学名	*Ginkgo biloba*
别名	白果、公孙树
科属	银杏科银杏属

银 杏

银杏科树活化石，落叶乔木季相明。
叶形古雅似扇形，春夏碧绿秋黄金。
枝分长短叶互生，球花生于短枝顶。
白果成熟于金秋，园林绿化景致深。

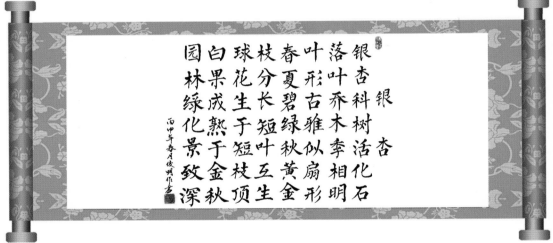

特征 落叶大乔木。不规则纵裂。叶互生，有细长的叶柄，扇形，两面淡绿色，秋季落叶前变为黄色。球花雌雄异株。4月开花，10月成熟，种子近圆球形。

习性 以中性或微酸土最适宜，不耐积水之地，较能耐旱，但在过于干燥处及多石山坡或低湿之地生长不良。初期生长较慢，蒙蘖性强。

园林用途 可用于园林绿化、行道、公路、田间林网、防风林带。

植物文化 寓意古典优雅，长寿。

梅 花

名称	梅花
学名	*Prunus mume*
别名	酸梅、黄仔、合汉梅
科属	蔷薇科杏属

梅 花

梅系蔷薇科杏属，乔木细枝斜影生。
单叶互生形卵圆，凌寒独放花先发。
单或双簇花两性，蝶飞鸟语赛歌声。
暗香浮动春来报，傲雪寒霜美景胜。

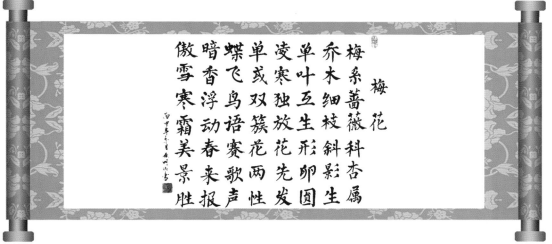

特征 小乔木，稀灌木。叶片卵形或椭圆形。花单生，香味浓，先于叶开放。果实近球形，黄色或绿白色，花期冬春季，果期5—6月。

习性 喜温暖气候，耐寒性不强，较耐干旱，不耐涝，寿命长，可达千年；花期对气候变化特别敏感，梅喜空气湿度较大，但花期忌暴雨。

园林用途 可进行孤植、丛植、列植等多种配置使用，深受人们喜爱。还可以栽为盆花，制作梅桩。

植物文化 寓意高洁、坚强、谦虚。

桃 花

名称 桃花

学名 *Prunus persica*

别名 碧桃

科属 蔷薇科桃属

桃 花

桃属蔷薇科乔木，树干灰色小枝红。

椭圆叶具边缘齿，枝干扶疏花朵丰。

先叶于花早报春，单生花色醉人游。

核果球形披小绒，片片殷红弄春风。

特征 落叶小乔木。叶为窄椭圆形至披针形，边缘有细齿；花单生，从淡至深粉红或红色，有时为白色，早春开花；近球形核果，表面有毛茸，肉质可食，为橙黄色泛红色。

习性 抗旱、耐瘠薄，对土壤适应性强。生长季应及时中耕松土，保持土壤疏松、透气、无杂草。一般无须灌水，但过度干旱时应适时灌水。

园林用途 观赏花用桃树，有多种形式的花瓣。

植物文化 有着生育、吉祥、长寿的民俗学意义，象征着春天、爱情、美貌与理想世界。桃果寓意长寿、健康、生育。

水 杉

名称	水杉
学名	*Metasequoia glyptostroboides*
别名	水桫
科属	杉科水杉属

水 杉

中国特产活化石，水杉杉科落叶木。
叶片扁条映翠绿，干直挺拔形壮树。
秋季叶色变金黄，喜生肥涝抗污浊。
雌雄同株球果累，水中造景绘美图。

水中造景绘美图　雌雄同株球果累　喜生肥涝抗污浊　秋季叶色变金黄　干直挺拔形壮树　叶片扁条映翠绿　水杉杉科落叶木　中国特产活化石　水杉

丙申冬春月俊卿作书

特征　落叶乔木，高达 35 米。雌雄同株，雄球花单生叶腋或苞腋，卵圆形，交互对生排成总状或圆锥花序状。雌球花单生侧枝顶端。蓝色球果下垂，近球形或长圆状球形，微具四棱；种子倒卵形，扁平，周围有窄翅，先端有凹缺。花期 2 月下旬，球果 11 月成熟。

习性　喜光，耐贫瘠和干旱，可净化空气，生长缓慢，移栽容易成活。适应温度为 -8℃ ~38℃。

园林用途　可于公园、庭院、草坪、绿地中孤植、列植或群植，也可成片栽植营造风景林，还可栽于建筑物前或用作行道树，是亚热带地区平原绿化、荒山造林的良好树种。

植物文化　寓意适应性强。

木棉花

名称　木棉
学名　*Ceiba speciosa*
别名　攀枝花、红棉树、英雄树
科属　木棉科木棉属

木棉花

木棉花属木棉科，落叶乔木干壮直。
掌状复叶叶柄长，秋冬叶萧秃寒枝。
春风催开满树红，落英红艳别尘世。
先花于叶英雄树，园林绿化景观奇。

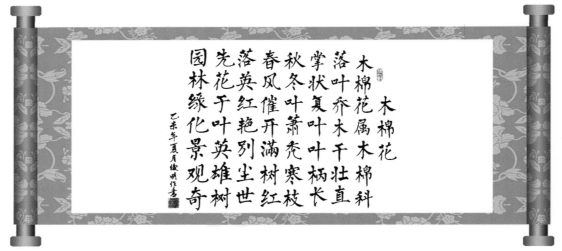

特征　落叶大乔木。树皮灰白色，幼树的树干通常有圆锥状的粗刺。分枝平展。掌状复叶，小叶5～7片。花单生枝顶叶腋，通常为红色，有时为橙红色。蒴果长圆形。花期3—4月，果夏季成熟。

习性　强阳性树种，喜高温多湿气候，生长迅速，抗风，不耐旱。对土质要求不严，但排水须良好。

园林用途　优良的观花乔木，庭院绿化和美化的高级树种，也可作为高级行道树和公园绿化植物。

植物文化　寓意珍惜身边的人，珍惜眼前的幸福。

柏 树

名称	柏树
学名	*Platycladus orientalis*
别名	扁柏、香柏
科属	柏科侧柏属

柏 树

柏树柏科寿命长，常绿乔木枝叶浓。
鳞状叶片墨绿色，圆锥树冠不透风。
雌雄同枝或异株，球花单生雌花红。
正气高尚景观美，斗寒傲雪绽笑容。

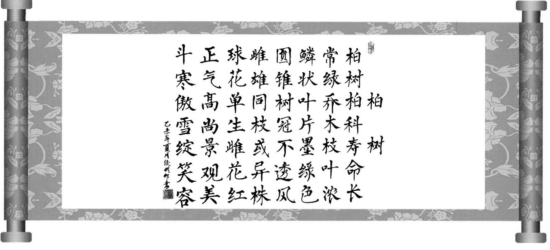

斗寒傲雪绽笑容
正气高尚景观美
球花单生雌花红
雌雄同枝或异株
圆锥树冠不透风
鳞状叶片墨绿色
常绿乔木枝叶浓
柏树柏科寿命长

柏树

乙未年夏月依刚作书

特征　常绿乔木。株高达 20 余米，树冠广卵形，小枝扁平，排列成 1 个平面。叶小，鳞片状，紧贴小枝上，呈交叉对生排列，叶背中部具腺槽。雌雄同株，花单性。球果近卵圆形，种子不具翅或有棱脊。花期 3—4 月，球果 10 月成熟。

习性　喜光，适应性强，对土壤要求不严，在酸性、中性、石灰性和轻盐碱土壤中均可生长。

园林用途　常配植于草坪、花坛、山石、林下，可增加绿化层次，丰富观赏美感。在北方地区是绿化荒山的首选苗木之一。

植物文化　坚定、贞洁、长寿的象征。

槐 树

名称	槐树
学名	*Sophora japonica*
别名	豆槐、金药树
科属	豆科槐属

槐 树

豆科槐属槐树种，落叶乔木花期长。
蝉鸣蜂舞满地花，黄白花序抗毒强。
枝多叶密冠如盖，肉质荚果串珠扬。
槐位三公及第吉，迁民寄托兆瑞祥。

迁民寄托兆瑞祥　槐位三公及第吉　肉质荚果串珠扬　枝多叶密冠如盖　黄白花序抗毒强　蝉鸣蜂舞满地花　落叶乔木花期长　豆科槐属槐树种　槐树

特征　　落叶乔木，高达 25 米。树皮灰褐色，具纵裂纹。羽状复叶，小叶 4～7 对，对生或近互生，纸质；叶柄基部膨大，包裹着芽。圆锥花序顶生，常呈金字塔形；花冠蝶形，白色或淡黄色。荚果肉质串珠状，种子卵球形。花期7—8月，果期8—10月。

习性　　性耐寒，喜阳光，较耐瘠薄。寿命长，耐烟毒能力强。

园林用途　　常用作花坛、花境的主体材料，在北方地区常作盆栽观赏。

植物文化　　古代三公宰辅之位的象征，科第吉兆的象征。具有古代迁民怀祖的寄托、吉祥和祥瑞的象征等文化意义。

枫　树

名称　枫树
学名　*Liquidambar formosana*
别名　三角枫、枫香、大叶枫
科属　槭科枫香树属

枫　树

高大乔木槭树科，春夏碧绿秋染红。
掌状五裂叶秀丽，落叶片片秋景中。
总状花序开初夏，坚果成熟恋秋风。
谁扮青山秋色景，园林绿化景象荣。

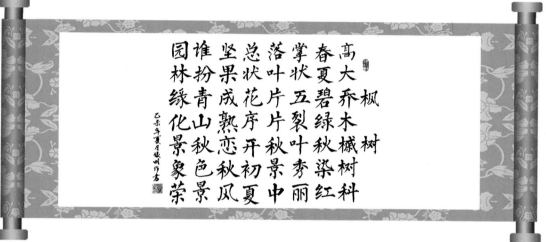

特征　落叶乔木，可高达 30 米，胸径最大可达 1 米。树干通直，树冠圆锥卵形，叶互生，纸质至薄革质。花单性同株，无花被，黄绿色。果序圆球状，有刺，春末夏初开花，种子秋季成熟。

习性　阳性，喜温暖至冷凉气候，耐旱，较耐寒，适应性强，对土壤要求不严，但以日照足、通风、排水良好的土壤为好，能抗风，抗大气污染，速生。

园林用途　可作庭荫树、景观树、防风林和厂矿防污树。

植物文化　寓意热忱、自制。

雪 松

名称 雪松

学名 *Cedrus deodara*

别名 香柏、宝塔松、番柏

科属 松科雪松属

雪 松

雪松松科满山青，常绿乔木尖塔形。

树皮灰褐鳞片状，大枝平展小枝垂。

雌雄异株卵果累，放花枝头挺拔靓。

带雪松枝乘寒风，园林绿化景色新。

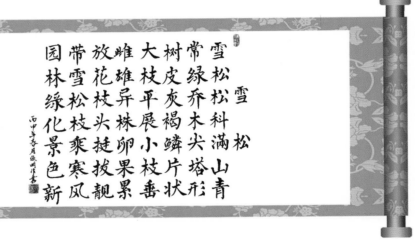

特征 常绿乔木，树冠尖塔形，大枝平展，小枝略下垂。叶针形，质硬，灰绿色或银灰色，在长枝上散生，短枝上簇生。球果翌年成熟，椭圆状卵形，熟时赤褐色。

习性 抗寒性较强，较喜光，幼年稍耐阴。对土壤要求不严，酸性土、微碱性土均能适应，深厚、肥沃、疏松的土壤最适宜其生长，亦可适应黏重的黄土和瘠薄干旱地。耐干旱，不耐水湿。

园林用途 最适宜孤植于草坪中央、建筑前庭之中心、广场中心或主要建筑物的两旁及园门的入口等处。此外，列植于园路的两旁，形成甬道，亦极为壮观。

植物文化 寓意高洁；不屈不挠。

金钱松

名称 金钱松
学名 *Pseudolarix amabilis*
别名 金松、水树
科属 松科金钱松属

金钱松

中国特产金钱松，孑遗植物松科种。
落叶乔木冠塔形，主干参天如巨龙。
叶片条形展圆盘，秋季金黄似铜钱。
雌雄同株卵果累，黄金雨下呈吉祥。

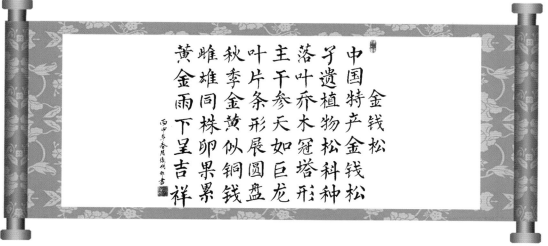

特征 落叶乔木。高达40米，树干通直，树皮裂成不规则的鳞片状。叶条形，扁平柔软；在短枝上簇生，秋后金黄，圆如铜钱。雄球花黄色，圆柱状；雌球花紫红色，椭圆形。球果卵圆形，种子卵圆形，种翅三角状披针形。花期4月，球果10月成熟。

习性 喜光，抗风，抗雪压。喜温暖湿润的气候。不耐高温及干旱，不适于低洼积水地栽培。

园林用途 可孤植、丛植、列植或用做风景林。与南洋杉、雪松、金松和巨杉合称为世界五大公园树种。

植物文化 寓意吉祥。

罗汉松

名称　罗汉松
学名　*Podocarpus macrophyllus*
别名　罗汉杉、长青罗汉杉、土杉、金钱松、仙柏
科属　罗汉松科罗汉松属

罗汉松

罗汉松科罗汉松，常绿乔木苍翠荣。
树皮灰褐浅纵裂，枝繁叶茂郁葱葱。
雄花穗状雌花单，果如罗汉肉拖红。
常作庭园盆景树，苍劲长寿吉祥中。

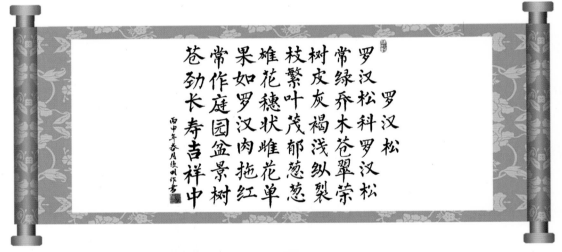

特征　常绿乔木。树冠广卵形，树皮深灰色，叶螺旋状排列，线状披针形，叶面浓绿，叶背黄绿，有时被白粉。种子核果状，近卵圆形，深绿色，成熟时为紫红色，外被白粉养生于针托上。

习性　喜温暖湿润和半阴环境，耐寒性略差，怕水涝和强光直射，生长慢，抗风性强，对多种有毒气体有较强抗性。

园林用途　独赏树、室内盆栽、花坛花卉。由于罗汉松树形古雅，种子与种柄组合奇特，惹人喜爱，南方寺庙、宅院多有种植。

植物文化　寓意苍劲长寿，守财，吉祥。

南洋杉

名称 南洋杉

学名 *Araucaria cunninghamii*

别名 鳞叶南洋杉、尖叶南洋杉、肯氏南洋杉

科属 南洋杉科南洋杉属

南洋杉

南洋杉科常绿树，高大乔木姿态美。
冠如尖塔冲云霄，主枝轮生平展位。
侧枝平展或下垂，幼枝叶多针状围。
雌雄异株卵果累，园林造景构美图。

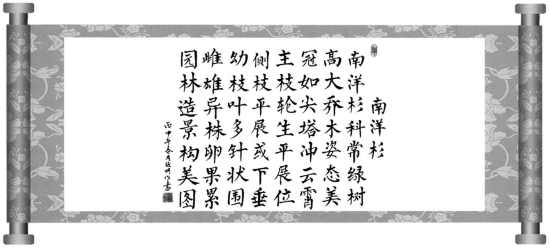

园林造景构美图
雌雄异株卵果累
幼枝叶多针状围
侧枝平展或下垂
主枝轮生平展位
冠如尖塔冲云霄
高大乔木姿态美
南洋杉科常绿树
南洋杉

一、乔木类

南洋杉

特征 乔木。高达 60 ~ 70 米，胸径达 1 米以上。树皮灰褐色或暗灰色，粗，横裂。大枝平展或斜伸，幼树冠尖塔形，老则成平顶状，侧生小枝密生，下垂，近羽状排列。球果卵形或椭圆形。

习性 喜温暖气候，空气清新湿润，不耐干燥、寒冷，抗风性强，生长迅速，再生力强，易生萌蘖，较能耐阴。喜光，适生于肥沃、排水良好的土壤。

园林用途 树形优美，是珍贵的观赏树种。宜作园景主、行道树或纪念碑、像的背景树。盆栽可作门庭、室内装饰用。

植物文化 寓意万古长青，步步高升。

樟 树

名称 樟树

学名 *Cinnamomum camphora*

别名 香樟、乌樟、小叶樟

科属 樟科樟属

樟 树

樟树参天属樟科，常绿乔木溢清香。
互生叶具腺点凸，老干灰褐纵裂像。
花黄绿色春天开，果熟秋天黑紫样。
全株富含樟脑油，净化空气抗癌功。

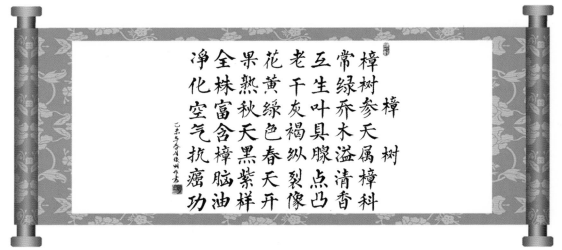

特征 常绿大乔木。高达30米，胸径5米，树冠广卵形。树皮灰褐色，纵裂，小枝无毛。叶互生，卵状椭圆形，先端尖，基部宽楔形至近圆形；叶缘波状，下面灰绿色，有白粉，薄革质，离基三出脉，脉腋有腺体。花序腋生，花小，黄绿色。浆果球形，紫黑色，果托杯状。

习性 喜光，幼苗幼树耐荫。喜温暖湿润气候，耐寒性不强，最低温度－10℃时，南京的樟树常遭冻害。深厚肥沃湿润的酸性或中性黄壤、红壤中生长良好，不耐干旱瘠薄和盐碱土，耐湿。萌芽力强，耐修剪。

园林用途 樟树树冠圆满，枝叶浓密青翠，树姿壮丽，是优良的庭荫树、行道树，也是我国珍贵的造林树种。

植物文化 寓意文雅多才；守护。

菩提树

名称 菩提树

学名 *Ficus religiosa*

别名 菩提榕

科属 桑科榕属

菩提树

桑科榕属菩提树，常绿乔木显神圣。
树皮灰白又平滑，冠大浓荫悬气根。
心形叶尖流水滴，深绿光泽不沾尘。
雌雄同株隐头花，园林绿化景致胜。

园林绿化景致胜 雌雄同株隐头花 深绿光泽不沾尘 心形叶尖流水滴 冠大浓荫悬气根 树皮灰白又平滑 常绿乔木显神圣 桑科榕属菩提树

特征 常绿乔木，枝干长有气生根，树干凹凸不平，叶互生、全缘，心形或卵圆形，先端长尾尖，叶色深绿，枝叶扶疏，浓荫盖地。

习性 喜光，不耐阴，喜高温，抗污染能力强。对土壤要求不严，但以肥沃、疏松的微酸性沙壤土为好。

园林用途 是优良的观赏树种、庭院行道和污染区的绿化树种。

植物文化 寓意觉悟，智慧，美德，吉祥和友谊。

榕　树

名称	榕树
学名	*Ficus concinna*
别名	雅榕
科属	桑科榕属

榕　树

榕树桑科枝叶茂，常绿乔木冠如林。
枝条节部生气根，气根下垂舞玲珑。
垂到地面成支柱，奇特造型似蟠龙。
互生叶翠无花果，千年古榕福寿浓。

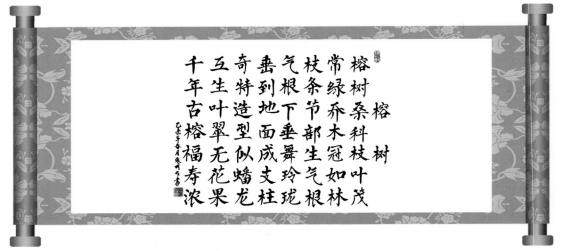

特征　乔木。高 15~20 米，胸径 25~40 厘米；树皮深灰色，有皮孔。叶狭椭圆形，长 5~10 厘米，宽 1.5~4 厘米，全缘。榕果成对腋生或 3~4 个簇生于无叶小枝叶腋，球形，直径 4~5 毫米；榕果无总梗或不超过 0.5 毫米。花果期 3—6 月。

习性　喜温暖，生长最适宜温度为 20℃~25℃。耐高温，温度 30℃以上时也能生长良好。不耐寒，安全的越冬温度为 5℃。喜明亮的散射光，有一定的耐阴能力，不耐强烈阳光暴晒。

园林用途　树性强健，绿荫蔽天，为低维护性高级遮阴、行道树、园景树、防火树、防风树、绿篱树或修剪造型。庭园、校园、公园、游乐区、庙宇等，均可单植、列植、群植。

植物文化　寓意长寿，不畏寒暑，傲然挺立。象征着开拓进取、奋发向上的精神。

白兰花树

名称	白兰花树
学名	*Magnolia denudata*
别名	白玉兰
科属	木兰科含笑属

白兰花树

白兰花树木兰科，常绿乔木花期长。
单叶互生长椭圆，花白如玉夏最香。
花蕾好像毛笔头，满地白银溢芬芳。
碧绿纯洁真挚爱，园林造景香四方。

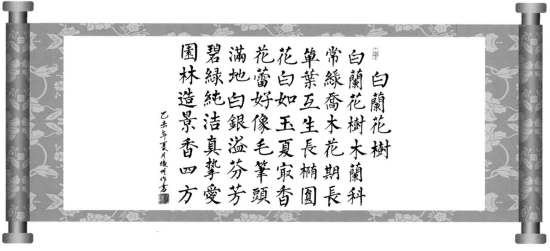

特征　常绿乔木。高达 17 米，胸径 30 厘米；树皮灰色；叶薄革质，长椭圆形或披针状椭圆形，长 10～27 厘米，宽 4～9.5 厘米，先端长渐尖或尾状渐尖。叶柄长 1.5～2 厘米，花被片 10 片，披针形，长 3～4 厘米，宽 3～5 毫米，花期 4—9 月。

习性　性喜温暖、湿润，宜通风良好，有充分日照，怕寒冷，忌潮湿，既不喜荫蔽，又不耐日灼。不耐寒，除华南地区以外，其他地区均要在冬季进房养护，最低室温应保持在 5℃以上。

园林用途　白兰花是大气污染地区很好的防污染绿化树种，对有害气体的抗性较强。行道树、庭荫树。

植物文化　象征着纯洁真挚的爱和一种开路先锋、奋发向上的精神。

相思树

名称	相思树
学名	*Acacia confuse*
别名	香丝树、台湾相思
科属	豆科相思子属

相思树

豆科植物相思树，常绿乔木枝斜生。
叶柄变态为假叶，假叶镰状成互生。
花朵金黄花期长，头状花序带微香。
园林绿化造景美，美景诱人相思深。

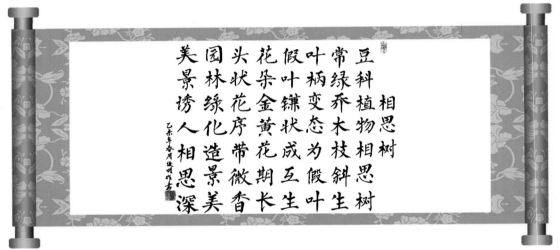

特征 常绿乔木。株可高达 16 米。分枝粗大。复叶退化为一扁平的叶状柄，形似柳叶。头状花序单生或 2~3 个簇生于叶腋。花黄色，有微香。荚果扁平，暗褐色。花期 5—6 月，果期 7—8 月。

习性 最喜光，不耐庇荫，畏寒。喜肥沃的土壤。极耐干旱和瘠薄，不怕河岸间歇性的水淹或浸渍。根深材韧，抗风力强。具根瘤，能固定大气中的游离氮，可改良土壤。萌芽力、蒙蘖力均强。

园林用途 台湾相思树冠婆娑，叶形奇异，花繁多，盛花期一片金黄。适宜园林布置、道路绿化，更是荒山绿化、水土保持的优良树种。

植物文化 象征忠贞不渝的爱情。

松 树

名称　松 树
学名　*Pinus massoniana*
别名　枞树、青松
科属　松科松属

松 树

松树松科寿命长，常绿乔木傲雪霜。
叶成针状一束束，轮状分枝冠蓬松。
雌雄同株球花多，球果累累繁殖强。
喜爱青山遍地绿，不惧险阻乘寒风。

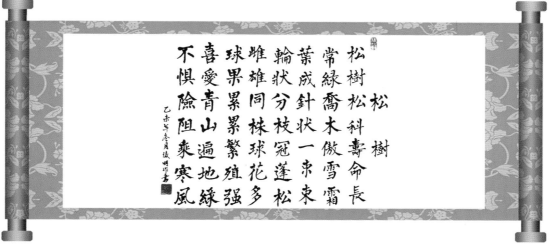

特征　乔木。一年生板条淡黄褐色，无毛。冬芽褐色。针叶每束 2 根，细长而柔韧，边缘有细锯齿，长 12 ~ 20 厘米，先端尖锐，叶鞘膜质。种子长卵圆形，有翅。

习性　强阳性树种，不耐阴。喜温暖湿润气候，耐寒性差，仅能耐短期 -20℃ 的低温。

园林用途　松树高大雄伟，姿态古奇，适宜山涧、谷中、岩际、池畔、道旁配置和山地造林，适宜在庭前、亭旁、假山之间孤植。

植物文化　坚定、贞洁、长寿的象征，喻不畏逆境、战胜困难的坚韧精神。

海南红豆

名称 海南红豆
学名 *Ormosia pinnata*
别名 大萼红豆、羽叶红豆
科属 豆科红豆属

海南红豆

海南红豆属豆科，常绿乔木季相明。
春季嫩叶黄带红，羽状复叶夏绿荫。
圆锥花序花冠红，荚果种子红艳玲。
南国红豆最相思，孤列群植景色新。

孤列群植景色新
南国红豆最相思
荚果种子红艳玲
圆锥花序花冠红
羽状复叶夏绿荫
春季嫩叶黄带红
常绿乔木季相明
海南红豆属豆科
海南红豆

丙申年冬月俊明作书

特征 常绿乔木。圆锥花序顶生，花冠淡粉红色带黄白色或白色。果实为荚果，内有红色的种子。

习性 喜温暖湿润、光照充足的环境。

园林用途 海南红豆叶厚重，色浓绿，具光泽，枝叶茂密，给人质地滞重的感觉，可作中心树或与质地轻逸的树搭配，达到一种层次分明的效果。

植物文化 象征着真挚的爱情和纯洁的友谊。

琴叶榕

名称	琴叶榕
学名	*Ficus lyrata*
别名	琴叶橡皮树
科属	桑科榕属

琴叶榕

桑科榕属琴叶榕，常绿乔木叶形奇。
茎干直立少分枝，叶片密集似提琴。
雌雄同株夏开花，球果单生红艳靓。
庭园行道盆栽树，琴叶等你奏亲情。

桑科榕属琴叶榕
常绿乔木叶形奇
茎干直立少分枝
叶片密集似提琴
雌雄同株夏开花
球果单生红艳靓
庭园行道盆栽树
琴叶等你奏亲情

丙申孟冬月俊峰作书

特征　常绿乔木。高可达 12 米，茎干直立。嫩叶幼时被白色柔毛，叶柄疏被糙毛，雄花有柄，生榕果内壁口部，雌花花被片 3～4 片，椭圆形，花柱侧生，细长，柱头漏斗形。花期 6～8 月。

习性　喜温暖、湿润和阳光充足环境，对水分的要求是宁湿勿干。原产西非塞拉利昂至摩洛哥，低地热带雨林，广泛栽培于热带、亚热带地区。

园林用途　是当今国内外较为流行的庭园树、行道树、盆栽树。

植物文化　寓意等你，亲情。

合欢树

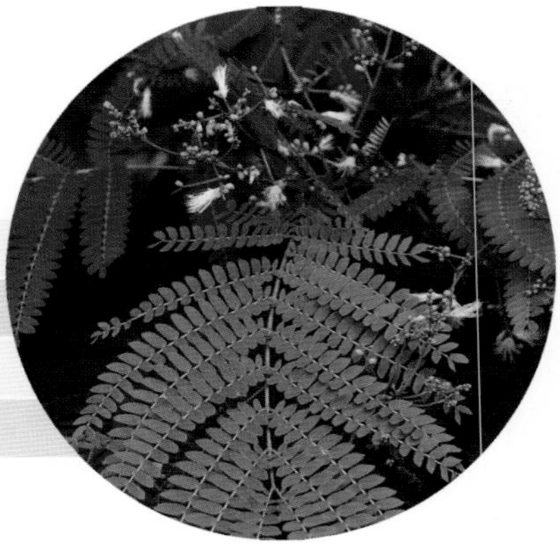

名称 合欢树

学名 *Albizia julibrissin*

别名 绒花树、夜合欢

科属 豆科合欢属

合欢树

合欢花树属豆科，落叶乔木展芳容。
羽状复叶形雅致，昼开夜合显神功。
头状花序生枝顶，粉红绒花吐艳芬。
合欢花开表忠贞，园林绿化景象荣。

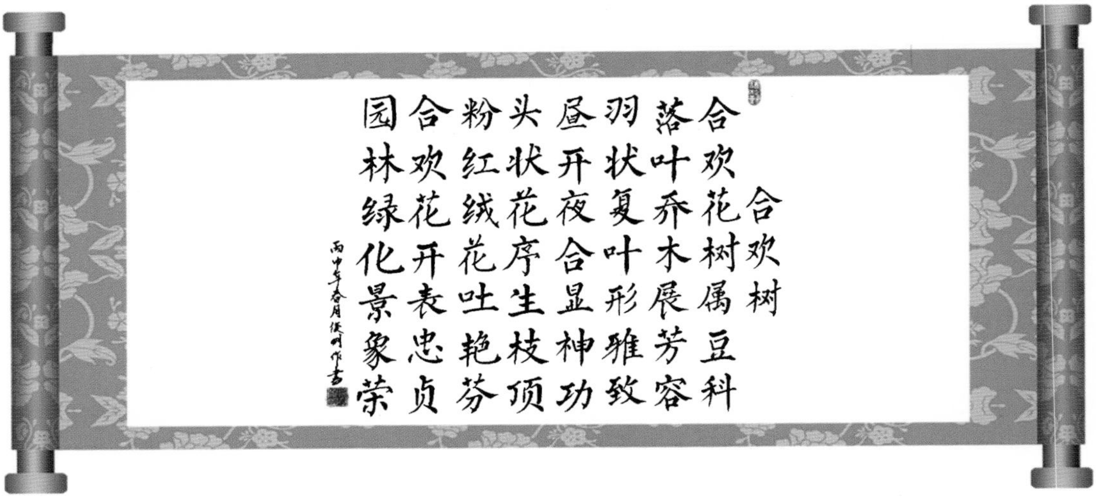

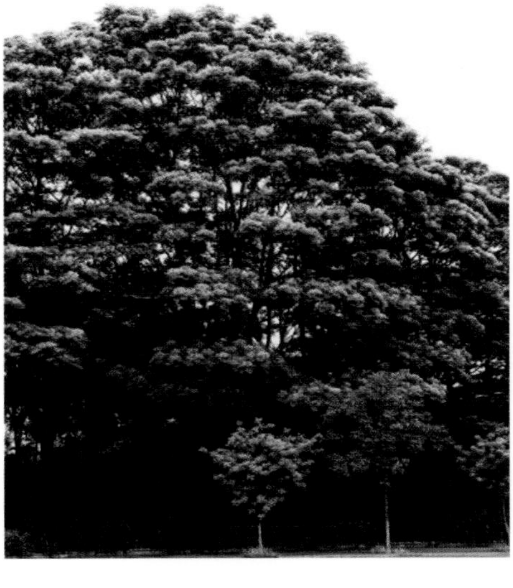

特征 落叶乔木。高 4 ~ 15 米。树冠开展；小枝有棱角，嫩枝、花序和叶轴被绒毛或短柔毛。托叶线状披针形；头状花序于枝顶排成圆锥花序；花粉红色；花萼管状。花期 6—7 月；果期 8—10 月。

习性 性喜光，喜温暖，耐寒、耐旱、耐土壤瘠薄及轻度盐碱，对二氧化硫、氯化氢等有害气体有较强的抗性。

园林用途 可用作园景树、行道树、风景区造景树、滨水绿化树、工厂绿化树和生态保护树等。

植物文化 表达忠贞不渝的爱情，寓意美好愿景。

红千层

名称	红千层
学名	*Callistemon rigidus*
别名	瓶刷木、金宝树
科属	桃金娘科红千层属

红千层

桃金娘科红千层，四季常青小乔木。
穗状花序象瓶刷，红色艳丽极奇趣。
叶片线形绿油油，罗汉松叶酷相似。
雌雄花叠千层红，三五群植构美图。

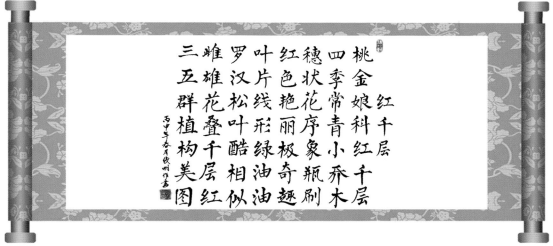

特征　小乔木。树皮坚硬，灰褐色。嫩枝有棱，叶片坚革质，线形，先端尖锐，油腺点明显，叶柄极短。穗状花序生于枝顶，花瓣绿色，卵形，有油腺点。蒴果半球形，先端平截，萼管口圆，果瓣稍下陷，3 片裂开，果片脱落，种子条状。花期6—8 月。

习性　喜暖热气候，能耐烈日酷暑，不很耐寒、不耐荫，喜肥沃潮湿的酸性土壤，也能耐瘤薄干旱的土壤。生长缓慢，萌芽力强，耐修剪，抗风。在北方只能盆栽于高温温室中。

园林用途　适合庭院美化，为高级庭院美化观花树、行道树、园林树、风景树，还可作防风林、切花或大型盆栽，并可修剪整枝成为高贵盆景。

植物文化　寓意长寿、美丽而奇特。

垂　柳

名称	垂柳
学名	*Salix babylonica*
别名	水柳、柳树、倒杨柳
科属	杨柳科柳属

垂　柳

垂柳思乡杨柳科，落叶乔木四季娇。
枝柔细长披下垂，夏如美发千万条。
碧玉叶眉谁裁出，二月春风胜剪刀。
无心插柳柳成荫，水池溪边最美妙。

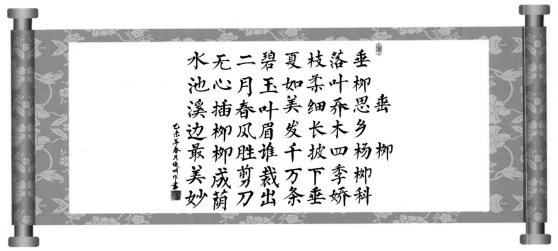

特征　　落叶乔木。高可达 18 米，胸径约 80 厘米。树冠倒广卵形。小枝细长下垂，褐色、淡黄褐色。叶披针形或条状披针形，先端渐长尖，基部楔形，无毛或幼叶微有毛，细锯齿，托叶披针形。雄蕊 2，花丝分离，花药黄色，腺体 2；雌花子房无柄，腺体 1。花期 3—4 月；果熟期 4—5 月。

习性　　喜光。耐水湿，喜肥沃湿润。耐寒性不及旱柳。

园林用途　　垂柳婀娜多姿，清丽潇洒，"湖上新春柳，摇摇欲唤人"，最宜配植在湖岸水池边。若间植桃树，则绿丝婆娑，红枝招展，桃红柳绿为江南园林点缀春景的特色配植方式之一。可作庭荫，孤植于草坪、水滨、桥头等处；亦可对植于建筑物两旁；或是列植作行道树、园路树、公路树。是固堤护岸的重要植物。

植物文化　　表达思乡和依依惜别之情。

大叶紫薇

名称	大叶紫薇
学名	*Lagerstroemia speciosa*
别名	大花紫薇
科属	千屈菜科紫薇属

大叶紫薇

千屈菜科紫薇属，大叶紫薇开紫花。
叶大互生椭圆形，落叶乔木展芳华。
圆锥花序生枝顶，雌雄同株花秋夏。
球形蒴果压弯枝，园林造景美如画。

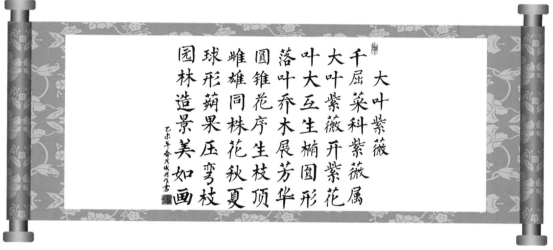

特征　大乔木，高可达 25 米；树皮灰色，平滑；叶长 10～25 厘米，花朵直径 5～7 厘米，花萼有明显槽纹，花色由粉红变紫红。蒴果球形至倒卵状矩圆形。花期 5—7 月，果期 10—11 月。

习性　喜温暖湿润，喜阳光，稍耐阴。有一定的抗寒力和抗旱力。喜生于石灰质土壤。

园林用途　炎夏群花凋谢，独紫薇繁花竞放。花色艳丽，花期长久。可在各类园林绿地中种植；也可用于街道绿化和盆栽观赏。

植物文化　寓意平安、幸福和美丽。沉迷的爱，好运。

油 桐

名称	油桐
学名	*Vernicia fordii*
别名	油桐树、桐子树
科属	大戟科油桐属

油 桐

油桐树属大戟科，落叶乔木产油丰。
树皮灰色枝条粗，叶片宽大舞春风。
五月花朵满枝头，花瓣白色带淡红。
园林造景美如画，眺望宛如下雪中。

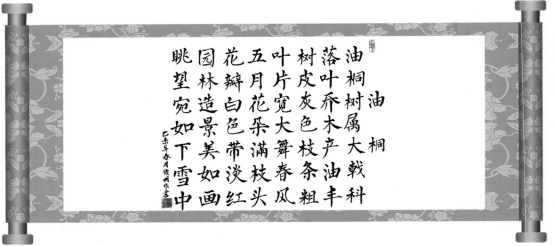

特征 落叶乔木，高达 10 米。树皮灰色，近光滑；枝条粗壮，无毛，具明显皮孔。叶卵圆形，顶端短尖，基部截平至浅心形，下面灰绿色，叶柄与叶片近等长，无毛。花雌雄同株，先叶或与叶同时开放，花瓣白色，有淡红色脉纹，倒卵形，顶端圆形，基部爪状。核果近球状，果皮光滑；种皮木质。花期 3—4 月，果期 8—9 月。

习性 喜温暖，忌严寒。富含腐殖质、土层深厚、排水良好、中性至微酸性沙质土壤最适油桐生长。

园林用途 常有桐农间作、营造纯林、零星种植和林桐间作等。

植物文化 寓意高洁和美丽。

凤凰木

名称	凤凰木
学名	*Delonix regia*
别名	金凤花、红花楹树
科属	豆科凤凰木属

凤凰木

豆科植物凤凰木，落叶乔木冠宽广。
绿叶如飞凰之羽，红花若丹凤之冠。
总状花序夏季开，荚果木质豆角长。
园林绿化景观美，酷似凤凰傲天翔。

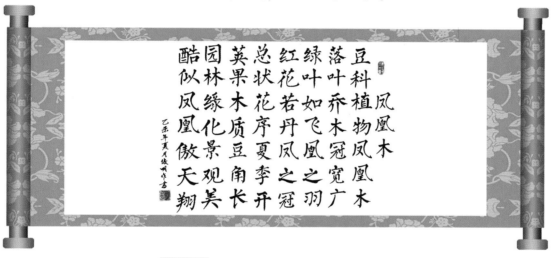

特征　高大落叶乔木。树皮粗糙，灰褐色；树冠扁圆形，分枝多而开展。叶为二回羽状复叶。伞房式总状花序顶生或腋生；花大而美丽，鲜红至橙红色。荚果带形，扁平。花期6—7月，果期8—10月。

习性　喜高温潮湿和阳光充足的环境，生长适温20～30℃，不耐寒，冬季温度不低于10℃。以深厚肥沃、富含有机质的沙质壤土为宜。

园林用途　凤凰树树冠高大，花期花红叶绿，满树如火，富丽堂皇。由于"叶如飞凰之羽，花若丹凤之冠"，故被命名为凤凰木，是著名的热带观赏树种。

植物文化　寓意离别、思念；火热青春。

广玉兰

名称　广玉兰
学名　*Magnolia grandiflora*
别名　洋玉兰、荷花玉兰
科属　木兰科木兰属

广玉兰

广玉兰属木兰科，常绿乔木冠圆锥。
互生叶长椭圆形，夏季开花秋果垂。
花大似荷溢芳香，蝶飞蜂舞恋花蕊。
数世同堂生不息，园林绿化美景缀。

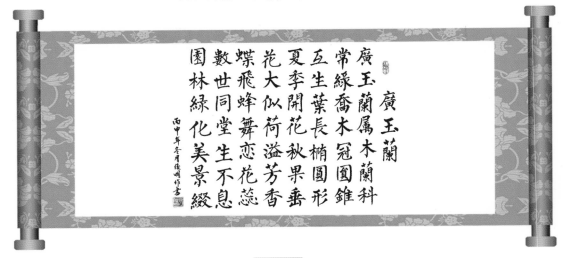

特征　常绿乔木。叶厚革质，椭圆形，表面深绿色、背面密被锈色绒毛。花似荷花状，白色，有芳香。聚合果圆柱形，蓇葖开裂，种子外露，红色。花期5—6月，果期9—10月。

习性　阳性树种。较耐寒，能经受短期的 −19℃ 低温。在肥沃、深厚、湿润而排水良好的酸性或中性土壤中生长良好。

园林用途　宜孤植、丛植或成排种植。还能耐烟抗风抗有毒气体，故又是净化空气、保护环境的好树种。

植物文化　寓意生生不息、世代相传。美丽、高洁、芬芳。

红花紫荆

名称	红花紫荆
学名	*Bauhinia blakeana*
别名	红花羊蹄甲、洋紫荆
科属	苏木科羊蹄甲属

红花紫荆

红花紫荆苏木科，常绿乔木花紫红。
叶片革质似羊蹄，花大如掌展芳容。
花繁叶茂美如画，总状花序舞玲珑。
紫荆新生郁葱葱，园林绿化景象荣。

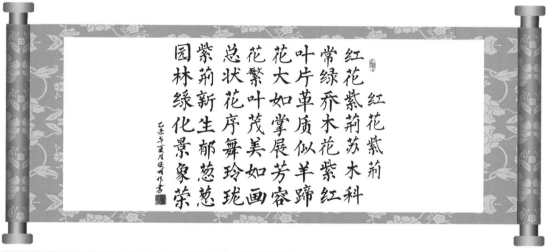

特征　常绿乔木。树高 6 ~ 10 米。叶革质，圆形或阔心形，长 10 ~ 13 厘米，宽略超过长，顶端二裂，状如羊蹄，裂片约为全长的 1/3，裂片端圆钝。总状花序或有时分枝而呈圆锥花序状；红色或红紫色；通常不结果，花期全年，3—4 月为盛花期。

习性　喜欢高温、潮湿、多雨的气候，有一定耐寒能力，适应肥沃、湿润的酸性土壤。

园林用途　树冠美观，花大且多，色艳，芳香，是华南地区园林主要观花树种之一，宜作为园景树、庭荫树或行道树，亦可用于海边绿化。

植物文化　寓意新生，繁荣昌盛。

桂 花

名称 桂花
学名 *Osmanthus fragrans*
别名 木樨、九里香、岩桂
科属 木樨科木樨属

桂 花

桂花乔木木樨科，碧枝绿叶四季青。
叶片革质具细齿，对生叶为椭圆形。
花朵簇生聚伞状，花冠黄白芳香清。
吴刚捧出桂花酒，世人绿化家园馨。

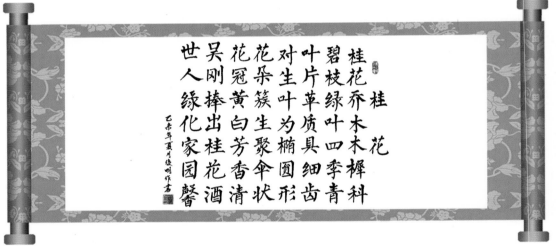

特征 常绿灌木或小乔木。株高约 15 米。树皮粗糙，灰褐色或灰白色。叶对生，椭圆形、卵形至披针形，全缘或上半部疏生细锯齿。花簇生叶腋伞状，花小，黄白色，极芳香。

习性 喜光，但在幼苗期要求有一定的庇荫。喜温暖和通风良好的环境，不耐寒。适生于土层深厚、排水良好、富含腐殖质的偏酸性沙质土壤，忌碱性土壤和积水。通常可连续开花两次，前后相隔 15 天左右。花期 9—10 月。

园林用途 桂花终年常绿，花期正值仲秋，有"独占三秋压群芳"的美誉。园林中常作孤植、对植，也可成丛成片栽植。为盆栽观赏的好材料。

植物文化 崇高、贞洁、荣誉、友好和吉祥的象征。仕途得志，飞黄腾达谓之"折桂"。

樱花

名称 樱花
学名 *Cerasus ssp.*
别名 日本樱花
科属 蔷薇科樱属

樱 花

樱花红艳蔷薇科，原产华夏传东瀛。
落叶乔木树皮灰，小枝淡紫叶椭圆。
二月春风喜作媒，纯洁樱花爱情缘。
伞形花序核果圆，园林造景花海源。

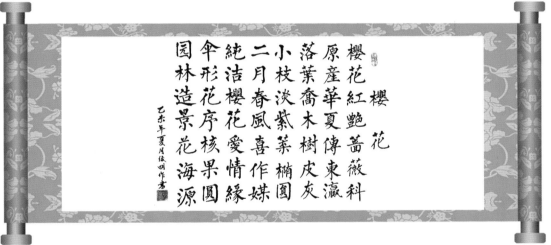

特征 高 4~16 米，树皮灰色。叶片椭圆卵形或倒卵形，边有尖锐重锯齿；叶柄顶端有 1~2 个腺体或无腺体。花序伞形总状，总梗极短，有花 3~4 朵，先叶开放；花瓣白色或粉红色，椭圆卵形，先端下凹，全缘二裂。核果近球形，黑色。花期 4 月，果期 5 月。

习性 喜光。喜肥沃、深厚而排水良好的微酸性土壤，中性土也能适应，不耐盐碱。耐寒，喜空气湿度大的环境。根系较浅，忌积水与低湿。对烟尘和有害气体的抵抗力较差。

园林用途 樱花色鲜艳亮丽，枝叶繁茂旺盛，是早春重要的观花树种，常用于园林观赏。群植，也可植于山坡、庭院、路边、建筑物前。

植物文化 寓意充满理智和教养，优美，漂亮；纯洁和爱情。

小叶榄仁

名称	小叶榄仁
学名	*Terminalia mantaly*
别名	细叶榄仁
科属	使君子科诃子属

小叶榄仁

使君子科落叶木，小叶榄仁树形美。
主干挺直枝轮生，层次分明展平位。
春叶翠滴显优雅，冬季光秃漾柔魅。
花小穗状小球果，抗风耐盐景宏伟。

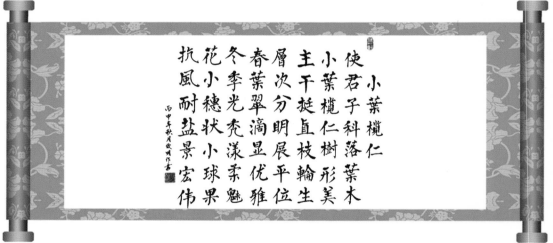

特征 落叶乔木。高可达 18 米。叶色黄绿，质感轻细，干直立，侧枝水平开展，树冠层伞形。

习性 阳性植物，需强光。生长适温 23 ～ 32℃，生长慢。耐热、耐湿、耐碱、耐瘠，抗污染。易移植。寿命长。

园林用途 绿荫遮天，为低维护性高级行道树、园景树。庭园、校园、公园、风景区、停车场等，均可孤植、列植或丛植美化。

植物文化 寓意随风飘扬，姿态优雅。

鸡蛋花

名称 鸡蛋花
学名 *Plumeria rubra*
别名 缅栀子、蛋黄花
科属 夹竹桃科鸡蛋花属

鸡蛋花

夹竹桃科鸡蛋花，落叶乔木夏开花。
叶大花多枝肥厚，五瓣花开溢清香。
瓣边白色瓣心黄，恍如蛋白包蛋黄。
孕育希望获新生，孤对丛植皆入画。

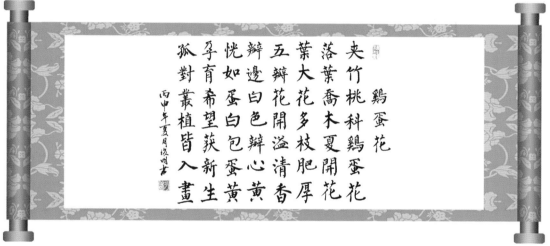

特征 落叶灌木或小乔木。枝呈叉状，小枝肥厚多肉。叶互生，较大，厚纸质，多聚生于枝顶，叶脉在近叶缘处连成一边脉。花数朵聚生于枝顶，花冠筒状。花色外面是乳白色，中心黄色。具芳香。花期5—10月。

习性 喜高温、高湿、向阳的环境，耐干旱，不耐涝，生长适温20～26℃，冬天7℃以上可安全越冬，喜排水良好、肥沃的土壤。

园林用途 适合于庭院、草地中栽植，也可作盆栽观赏。

植物文化 寓意孕育希望，复活，新生。

杏花

名称	杏花
学名	*Armeniaca vulgaris*
别名	杏子、杏树
科属	蔷薇科杏属

杏花

落叶乔木蔷薇科，先花后叶似胭脂。
叶片边缘具锯齿，卵圆叶片红褐枝。
核果卵圆花阳春，满园春色杏花知。
坡前江边绿化美，娇羞妖艳舞春痴。

娇羞妖艳舞春痴
坡前江边绿化美
满园春色杏花知
核果卵圆花阳春
卵圆叶片红褐枝
叶片边缘具锯齿
先花后叶似胭脂
落叶乔木蔷薇科
杏花

特征 落叶乔木。高 5 ~ 12 米。树皮灰褐色，纵裂。小枝褐色或红褐色。叶卵圆形或卵状椭圆形，边缘具钝锯齿。花单生，先叶开放，花瓣白色或稍带红晕。果实球形，稀倒卵形；核卵形或椭圆形，两侧扁平。花期 3—4 月，果期 6—7 月。

习性 性耐寒、喜光、抗旱、不耐涝。

园林用途 可配植于庭前、墙隅、道路旁、水边，也可群植、片植于山坡、水畔。同时还是沙漠及荒山造木树种。

植物文化 寓意春色满园。少女的慕情、娇羞、疑惑。

竹 子

名称 竹子

学名 *Phyllostachys heterocycla*

别名 龙鳞竹、佛面竹

科属 禾本科刚竹属

竹子

竹属禾本科特类，竹字形似竹叶型。
满山竹笋节节高，地下葡匐茎出笋。
未曾出土先有节，挺拔凌空也虚心。
任风吹来刚柔济，一生一花节气情。

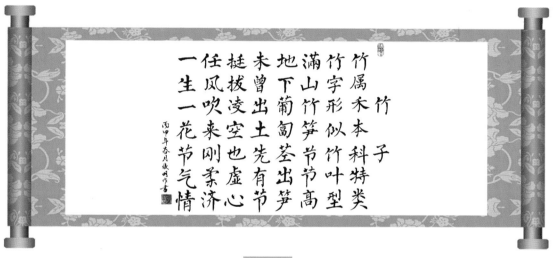

特征 常绿乔木。杆直立、粗大，高可达20米，表面灰绿，节粗或稍膨大，从基部开始，下部竹竿的节间歪斜，节纹交错，斜面突出，交互连接成不规则相连的龟甲状，愈基部的节愈明显；叶披针形，一束2~3枚。地径8~12分，高2.5~4.5米。

习性 喜温暖湿润气候。要求富含有机质和矿物元素的偏酸性土壤。不耐寒、旱。

园林用途 状如龟甲的竹竿既稀少又珍奇，常用于点缀园林，以数株植于庭院醒目之处，也可盆栽观赏。

植物文化 寓意有气节，正直，坚韧挺拔；不惧严寒酷暑，万古长青；君子的化身。

蒲葵

名称 蒲葵
学名 *Livistona chinensis*
别名 扇叶葵、蓬扇树、葵扇木
科属 棕榈科蒲葵属

蒲 葵

常绿乔木棕榈科，单干蒲葵扇清风。
叶阔扇形掌深裂，嫩叶常制葵扇用。
圆锥花序为两性，浆果椭圆橄榄样。
青翠葵扇随风摇，尽显南国好风光。

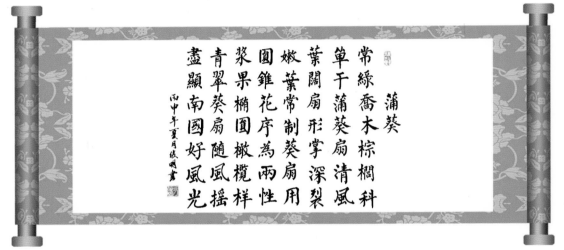

特征 常绿乔木。单干，高 10～20 米，干径可达 30 厘米。叶掌状中裂，圆扇形，灰绿色，叶柄粗大，两侧具逆刺。花果期 4 月。肉穗花序，呈圆锥状，小花淡黄色、黄白色或青绿色。果核椭圆形，熟果黑褐色。

习性 喜温暖、湿润、向阳的环境，能耐 0℃ 左右的低温。好阳光，亦能耐阴。抗风、耐旱、耐湿，也较耐盐碱，能在海边生长。喜湿润、肥沃的黏性土壤。

园林用途 常用于大厅或会客厅陈设。可在半阴树下置于门口及其他场地，应避免中午阳光直射。叶片常用来作蒲扇、凉席、花篮。

植物文化 寓意青春、活泼，尽显南国好风光。

大王椰

名称	大王椰
学名	*Roystonea regia*
别名	王椰
科属	棕榈科王棕属

大王椰

大王椰属棕榈科，常绿乔木单干直。
茎灰白色有环纹，中部膨大适旱地。
羽状复叶聚茎顶，叶长可达四公尺。
肉穗花序生花鞘，绿化造景高耸立。

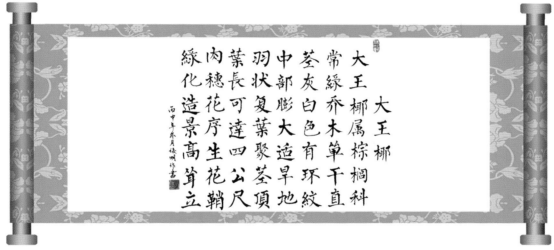

绿化造景高耸立
肉穗花序生花鞘
叶长可达四公尺
羽状复叶聚茎顶
中部膨大适旱地
茎灰白色有环纹
常绿乔木单干直
大王椰属棕榈科

大王椰

特征 常绿乔木。茎单生，高20～35米。中上部膨大，呈长花瓶状，灰色，有环状叶柄（鞘）痕，叶长6～8米，羽状全裂，羽片极多，长线状披针形，长60～100厘米，宽3.5～5厘米，先端2裂，尖锐，在叶中轴上呈4列排列；叶鞘长1.5～2米。果球形，直径1～2厘米，基部稍收缩，熟时呈红褐色或紫色。

习性 喜阳，喜温暖，不耐寒；对土壤适应性强，但以疏松、湿润、排水良好、土层深厚、富含有机质的肥沃冲积土或黏性壤土最为理想。

园林用途 树干中部膨大，树形雄伟、壮观，适于庭院栽培，可供观赏或作行道树。

植物文化 寓意高大壮观，尽显南国好风光。

二

灌木类
GUANMULEI

牡 丹

名称 牡丹

学名 *Paeonia suffruticosa*

别名 鼠姑、木芍药、富贵花

科属 芍药科芍药属

牡 丹

牡丹花属芍药科，洛阳京城出名声。
二回三出羽状叶，灌木枝顶花单生。
花大色艳品种多，形美姿娇情意深。
国色天香花富贵，花开时节动人心。

花开时节动人心
国色天香花富贵
形美姿娇情意深
花大色艳品种多
灌木枝顶花单生
二回三出羽状叶
洛阳京城出名声
牡丹花属芍药科
牡丹

特征 落叶灌木，茎高可达 2 米。叶通常为二回三出复叶，偶尔近枝顶的叶为 3 小叶，顶生小叶宽卵形。花单生枝顶，花瓣 5，或为重瓣，玫瑰色、红紫色、粉红色至白色，顶端呈不规则的波状。蓇葖长圆形，密生黄褐色硬毛。花期 5 月。

习性 喜阳光，也耐半阴，耐寒，耐干旱，耐弱碱，忌积水，怕热，怕烈日直射。适宜在疏松、深厚、肥沃、地势高燥、排水良好的中性沙壤土中生长。

园林用途 牡丹可在公园和风景区建立专类园，在古典园林和居民院落中筑花台养植，在园林绿地中自然式孤植、丛植或片植。

植物文化 有圆满，浓情，富贵，雍容华贵之意；高洁，端庄秀雅，仪态万千，国色天香。

玫 瑰

名称 玫瑰

学名 *Rosa chinensis*

别名 月月红

科属 蔷薇科蔷薇属

玫 瑰

玫瑰花属蔷薇科，不争国色得天香。
原产中国才几种，传遍世界美名扬。
玫瑰月季双胞像，玫瑰叶皱带有刺。
花单聚生蝶恋翔，情人节里恋人想。

情人节里恋人想
花单聚生蝶恋翔
玫瑰叶皱带有刺
玫瑰月季双胞像
传遍世界美名扬
原产中国才几种
不争国色得天香
玫瑰花属蔷薇科
玫瑰

特征 落叶灌木或常绿灌木，或蔓状与攀援状藤本植物。茎为棕色偏绿，具有钩刺或无刺。小枝绿色，叶为墨绿色，叶互生，奇数羽状复叶。花生于枝顶，花朵常簇生，花色甚多。

习性 适应性强，耐寒耐旱，对土壤要求不高，但以富含有机质、排水良好的弱酸性沙壤土为最好。

园林用途 玫瑰可用于布置花坛、花境、庭院花材，可制作月季盆景，作切花、花篮、花束等。

植物文化 红玫瑰代表热情真爱，黄玫瑰代表珍重祝福和嫉妒失恋，白玫瑰代表纯洁天真，黑玫瑰则代表温柔真心。

杜鹃花

名称	杜鹃花
学名	*Rhododendron simsii*
别名	映山红、山石榴
科属	杜鹃花科杜鹃属

杜鹃花

杜鹃属杜鹃花科，常绿落叶灌木丛。
喇叭花冠色繁多，分枝多细披毛绒。
国王化为杜鹃鸟，春季飞来唤民众。
快快布谷哀鸣钟，啼血尽染映山红。

特征　落叶灌木。高 2～5 米，分枝多而纤细，密被亮棕褐色扁平糙伏毛。叶革质，常集生枝端，边缘微反卷，具细齿。花簇生枝顶，花冠阔漏斗形，玫瑰色、鲜红色或暗红色，上部裂片具深红色斑点。蒴果卵球形。花期 4—5 月。

习性　性喜凉爽、湿润、通风的半阴环境，既怕酷热又怕严寒，喜酸性土壤，夏季要防晒遮阴，冬季应注意保暖防寒。

园林用途　园林中最宜在林缘、溪边、池畔及岩石旁成丛成片栽植，也可于疏林下散植。杜鹃也是花篱的良好材料，经修剪还可培育成各种形态。

植物文化　寓意人们对生活热烈美好的感情，也象征着国家的繁荣富强和人民的幸福生活。杜鹃花的花语：永远属于你；爱的喜悦。

九里香

名称	九里香
学名	*Murraya exotica*
别名	石辣椒、九秋香、九树香
科属	芸香科九里香属

九里香

九里香属芸香科，常绿灌木分枝多。
奇数羽状叶互生，伞形白花叶腋躲。
浆果椭圆冬季红，花繁果累碧绿托。
园林绿化造景美，扑鼻芬芳满山坡。

九里香属芸香科
常绿灌木分枝多
奇数羽状叶互生
伞形白花叶腋躲
浆果椭圆冬季红
花繁果累碧绿托
园林绿化造景美
扑鼻芬芳满山坡

特征 常绿灌木。叶有小叶，小叶呈倒卵形或倒卵状椭圆形，两侧常不对称，花序通常顶生，果橙黄至朱红色。花期4—8月，也有秋后开花，果期9—12月。

习性 常见于离海岸不远的平地、缓坡、小丘的灌木丛中。喜生于沙质土壤和向阳地方。

园林用途 多用作围篱材料，或作花圃及宾馆的点缀品，亦作盆景材料。

植物文化 寓意高洁，秀雅。

茶 花

名称 茶花
学名 *Camellia japonica*
别名 山茶花、耐冬花
科属 山茶科山茶属

茶 花

山茶花属山茶科，常绿灌木姿态丰。
互生叶亮倒卵形，花朵艳丽溢芬芳。
培植土壤喜酸性，花期冬春笑寒风。
母亲思女赠花籽，满山遍野茶花香。

茶花
山茶花属山茶科
常绿灌木姿态丰
互生叶亮倒卵形
花朵艳丽溢芬芳
培植土壤喜酸性
花期冬春笑寒风
母亲思女赠花籽
满山遍野茶花香

特征 灌木或小乔木。高 9 米，嫩枝无毛。叶革质，椭圆形，先端略尖，或急短尖而有钝尖头，基部阔楔形。花顶生，红色，无柄。蒴果圆球形。10 月份始花，翌年 5 月份终花，盛花期 1—3 月。

习性 生长适温在 20～25℃之间，喜温暖湿润，喜酸性土壤，并要求较好的透气性，以利根毛发育。通常可用泥炭、腐锯木、红土、腐殖土，或以上的混合基质栽培。

园林用途 适于盆栽观赏，置于门厅入口、会议室、公共场所都能取得良好效果；也可植于家庭的阳台、窗前。

植物文化 寓意理想的爱、谦让，是一种传统的瑞花嘉木。

迎春花

名称	迎春花
学名	*Jasminum nudiflorum*
别名	黄素馨、金腰带
科属	木樨科素馨属

迎春花

迎春花属木樨科，落叶灌木枝下垂。
二月迎春花盛开，串串黄金送给谁。
卵形复叶花单生，清香金色叶后随。
金英翠萼寄希望，阳台窗前作帘垂。

迎春花
迎春花属木樨科
落叶灌木枝下垂
二月迎春花盛开
串串黄金送给谁
卵形复叶花单生
清香金色叶后随
金英翠萼寄希望
阳台窗前作帘垂

特征 落叶灌木。直立或匍匐，高 0.3～5 米，小枝四棱形，棱上多少具狭翼。叶对生，三出复叶，小枝基部常具单叶，叶轴具狭翼。花单生于去年生小枝的叶腋，稀生于小枝顶端，苞片小叶状，花萼绿色，花冠黄色。花期 6 月。

习性 喜光，稍耐阴，略耐寒，怕涝，喜温暖、湿润的气候，疏松肥沃和排水良好的沙质土。

园林用途 配植在湖边、溪畔、桥头、墙隅，或在草坪、林缘、坡地、房屋周围，亦可作为花坛观赏灌木。

植物文化 寓意希望。

紫玉兰

名称	紫玉兰
学名	*Magnolia liliflora*
别名	辛夷、木笔、木兰
科属	木兰科木兰属

紫玉兰

紫玉兰属木兰科，落叶灌木开花多。
树皮灰褐枝绿紫，花叶同放紫花朵。
紫色花大溢幽香，早春花艳秋结果。
孤丛列植尽婀娜，宛若天女报恩歌。

紫玉兰

紫玉兰属木兰科
落叶灌木开花多
树皮灰褐枝绿紫
花叶同放紫花朵
紫色花大溢幽香
早春花艳秋结果
孤丛列植尽婀娜
宛若天女报恩歌

乙未年夏月俊州作书

特征　落叶灌木。树皮灰褐色，小枝紫褐色。叶椭圆形，先端渐尖，下面沿脉有短柔毛，托叶痕长为叶柄的一半。花叶同放；花杯形，外面紫红色，内面白色，花萼绿色披针形。聚合果圆柱形淡褐色。花期4月；果熟期8—9月。

习性　紫玉兰喜光，不耐阴；较耐寒，喜肥沃、湿润、排水良好的土壤，忌黏质土壤，不耐盐碱；肉质根，忌水湿；根系发达，萌蘖力强。

园林用途　紫玉兰的花"外料料似凝紫，内英英而积雪"，花大而艳，是传统的名贵春季花木。可配植在庭院的窗前和门厅两旁，丛植草坪边缘，或与常绿乔、灌木配植。常与木兰科其他观花树木配植组成玉兰园。

植物文化　象征婀娜多姿的少女，传说是天女来报恩。

苏　铁

名称	苏铁
学名	*Cycas revoluta*
别名	铁树、避火蕉、凤尾蕉
科属	苏铁科苏铁属

苏　铁

苏铁科属苏铁树，常绿灌木形古扬。
主干圆柱硬如铁，羽叶长绿茎顶张。
雄花柱状雌球花，宛如孔雀抱蛋窝。
庭园厅堂观赏美，长寿富贵话吉祥。

苏鐵科屬蘇鐵樹
常綠灌木形古揚
主干圓柱硬如鐵
羽葉長綠莖頂張
雄花柱狀雌球花
宛如孔雀抱蛋窩
庭園廳堂觀賞美
長壽富貴話吉祥

特征　常绿灌木。茎部宿存的叶基和叶痕，呈鳞片状。叶从茎顶部长出，羽状复叶，大型，厚革质，坚硬，有光泽，先端锐尖，叶背密生锈色绒毛，基部小叶成刺状；雌雄异株，6—8月开花。

习性　喜温暖，忌严寒，其生长适温为20～30℃，越冬温度不宜低于5℃。

园林用途　苏铁树形古雅，主干粗壮，坚硬如铁；羽叶洁滑光亮，四季长青，为珍贵观赏树种；南方多植于庭前阶旁及草坪内。

植物文化　寓意长寿、富贵、吉祥，坚贞不移的精神。

龙船花

名称	龙船花
学名	*Ixora chinensis*
别名	山丹、英丹花、水绣球
科属	茜草科龙船花属

龙船花

龙船花属茜草科，常绿灌木花色多。
对生叶长披针形，聚伞花序开花多。
繁花时节红似火，花浮叶面球形果。
争先恐后赛龙舟，园林造景美丽歌。

园林造景美丽歌　　　　
争先恐后赛龙舟　丙申年季夏陈明作书
花浮叶面球形果
繁花时节红似火
聚伞花序开花多
对生叶长披针形
常绿灌木花色多
龙船花属茜草科
龙船花

特征　常绿小灌木。全株无毛。叶对生，薄革质，披针形，矩圆状披针形至矩圆状倒卵形，全缘，有极短的柄。聚伞花序顶生，花冠红色或橙黄色，花期6—11月。浆果近球形，紫红色。

习性　喜温暖，高温，不耐寒，喜光，耐半阴，抗旱，也怕积水，要求富含腐殖质、疏松、肥沃的酸性土壤。

园林用途　龙船花株型美观，花色红艳，花期久长，宜盆栽观赏。在华南地区，可在园林中丛植，或与山石配植，其根是一味药材。

植物文化　寓意争先恐后赛龙舟。

一品红

名称	一品红
学名	*Euphorbia pulcherrima*
别名	象牙红、万年红、圣诞花、猩猩木
科属	大戟科大戟属

一品红

一品红属大戟科，常绿灌木分枝多。
茎叶直立含乳汁，叶长椭圆结蒴果。
上部叶变苞片状，红色艳丽如花朵。
花序顶生圣诞花，勇士化身降妖魔。

一品红属大戟科
常绿灌木分枝多
茎叶直立含乳汁
叶长椭圆结蒴果
上部叶变苞片状
红色艳丽如花朵
花序顶生圣诞花
勇士化身降妖魔

丙申年冬月张成作画

特征　常绿灌木。茎直立，含乳汁。叶互生，卵状椭圆形。下部叶为绿色，上部叶苞片状，红色。花序顶生。

习性　喜阳光充足、气候温暖的环境，盆栽要求排水良好、疏松、肥沃的沙壤土。

园林用途　适于厅堂内摆放，也可布置会场，同时可用来插花。在南方可栽植于花坛绿地中，亦可植于庭前窗下。

植物文化　寓意化身勇士降妖魔。

美蕊花

名称	美蕊花
学名	*Calliandra surinamensis*
别名	红合欢、美洲合欢、红绒球
科属	含羞草科朱缨花属

美蕊花

豆科植物美蕊花，落叶灌木花艳丽。
羽状复叶形雅致，昼开夜合显神奇。
花色鲜红似绒球，夏日绒花满树枝。
庭园行道观赏佳，奔放豪迈添喜庆。

豆科植物美蕊花艳丽
落叶灌木花雅致
羽状复叶形显神奇
昼开夜合似绒球
花色鲜红花满树枝
夏日绒花观赏佳
庭园行道添喜庆
奔放豪迈

特征 落叶灌木或小乔木。小枝灰白色，密被褐色小皮孔，无毛。叶柄及羽片轴被柔毛。头状花序；花丝淡红色，下端白色。花期8—12月。

习性 喜多肥土壤，耐热、耐旱、不耐阴、耐剪、易移植。冬季休眠期会落叶或半落叶。

园林用途 适于大型盆栽或深大花槽栽植。可在庭院、校园、公园孤植、列植、群植，开花能诱蝶。

植物文化 象征奔放、豪迈、喜庆。

石　榴

名称　石榴

学名　*Punica granatum*

别名　安石榴、若榴、丹若、金罂、金庞、涂林

科属　安石榴科安石榴属

石　榴

安石榴属石榴科，落叶灌木分枝多。
树干灰褐向左旋，对生叶呈长椭圆。
盛夏花繁红似火，鲜红浆果满枝头。
孤丛列植景观美，多子多福日子红。

特征　落叶灌木。干灰褐色。嫩枝多棱，叶呈披针形，质厚，全缘；花两性，有钟形花和筒状花，前者结果，后者常凋落不实；花期4月底至6月中旬。

习性　较耐瘠薄和干旱，怕水涝，生育季节需水极多。

园林用途　既可观花又可观果，且可食用，摆设盆花群或供室内观赏。

植物文化　寓意多子多福日子红。

含笑花

名称　含笑花
学名　*Michelia figo*
别名　含笑梅、山节子、香蕉花
科属　木兰科含笑属

含笑花

含笑花属木兰科，常绿灌木花甜香。
树皮灰褐分枝繁，嫩枝花梗被黄绒。
狭椭圆形叶互生，花朵淡黄边缘红。
似笑不语寓矜持，庭园造景香若兰。

特征　常绿灌木或小灌木。树皮灰褐色，小枝有环状托叶痕。单叶互生，革质，椭圆形或倒卵形，先端渐尖或尾尖，基部楔形，全缘。叶面有光泽，叶背中脉上有黄褐色毛，叶背淡绿色。花乳黄色，瓣缘常具紫色，有香蕉型芳香。

习性　喜稍阴条件，不耐烈日暴晒。喜温暖湿润环境，不甚耐寒。宜种植于背风向阳之处。不耐干燥贫瘠，喜排水良好、肥沃深厚的弱酸性土壤。

园林用途　含笑花自然长成圆形，枝繁叶茂，四季常青。亦为著名芳香花木，适于在小游园、花园、公园或街道上成丛种植，可配植于草坪边缘或稀疏丛林之下，使游人在休息之余亦得芳香之享受。

植物文化　寓意含蓄、矜持和高洁、端庄。

夹竹桃

名称	夹竹桃
学名	*Nerium oleander*
别名	柳叶桃、绮丽、半年红、甲子桃
科属	夹竹桃科夹竹桃属

夹竹桃

夹竹桃科夹竹桃，常绿灌木花胜桃。
枝条灰绿叶对生，叶片如竹随风摇。
伞状花序生茎顶，漏斗花冠红艳娇。
净化空气景观美，如柳似竹友情牢。

特征 常绿灌木。高可达 6 米，多分枝。树皮灰色，光滑，嫩枝绿色。三叶轮生，叶革质，窄披针形，先端锐尖，基部楔形。边缘略内卷，中脉明显，侧脉纤细平行，与中脉成直角。6—10 月花开不断，聚伞花序顶生，红色或白色，有重瓣和单瓣之分。蓇葖果矩圆形，种子顶端具黄褐色种毛。

习性 喜光，耐半阴。喜温暖湿润，畏严寒。能耐一定的干旱，忌水涝。生命力强，对土壤的要求不严。对二氧化硫、氯气等有害气体的抵抗力强。

园林用途 植物姿态潇洒，花色艳丽，兼有桃竹之胜，自初夏开花，经秋乃止，有特殊香气，又适应城市自然条件，是城市绿化的极好树种，常植于公园、庭院、街头、绿地等处。

植物文化 粉色夹竹桃：咒骂，注意危险；黄色夹竹桃：深刻的友情。

红花檵木

名称	红花檵木
学名	*Loropetalum chinense*
别名	红檵木、红继木、红桎木
科属	金缕梅科檵木属

红檵木

金缕梅科红檵木，常绿灌木枝叶浓。
互生叶片卵圆形，嫩枝红褐新叶红。
线形花瓣果卵形，头状花序满树红。
发财幸福一生随，园林造景极火红。

园林造景极火红 发财幸福一生随 头状花序满树红 线形花瓣满树红 嫩枝红褐新叶红 互生叶片卵圆形 常绿灌木枝叶浓 金缕梅科红檵木

特征 常绿灌木或小乔木。嫩枝被暗红色星状毛。叶互生，革质，卵形，全缘，嫩枝淡红色，越冬老叶暗红色。花 4~8 朵簇生于总状花梗上，呈顶生头状或短穗状花序，花瓣 4 枚，淡紫红色，带状线形。蒴果木质，倒卵圆形。种子长卵形，黑色，光亮。花期 4—5 月，果期 9—10 月。

习性 喜光，稍耐阴，但阴时叶色容易变绿。适应性强，耐旱。喜温暖，耐寒冷。萌芽力和发枝力强，耐修剪。耐瘠薄，但适宜在肥沃、湿润的微酸性土壤中生长。

园林用途 属于彩叶观赏植物，生态适应性强，耐修剪，易造型，广泛用于色篱、模纹花坛、灌木球、彩叶小乔木、桩景造型、盆景等城市绿化美化。

植物文化 寓意发财，幸福一生随。

海 桐

名称	海桐
学名	*Pittosporum tobira*
别名	山瑞香、海桐花、山矾
科属	海桐科海桐属

海 桐

海桐花属海桐科，常绿灌木枝叶浓。
碧绿光亮倒卵形，叶片轮生枝顶上。
伞形花序七里香，初夏白花溢芬芳。
绿化净化记得我，入秋果裂种子红。

海桐花属海桐科
碧绿光亮倒卵形
叶片轮生枝顶上
伞形花序七里香
初夏白花溢芬芳
绿化净化记得我
入秋果裂种子红

特征 常绿灌木或小乔木。单叶互生，倒卵形或椭圆形，全缘，边缘反卷，厚革质，表面浓绿有光泽。5月开花，花白色或淡黄色，芳香，成顶生伞形花序；10月果熟，蒴果卵球形，成熟时三瓣裂，露出鲜红色种子。

习性 喜温暖、湿润环境，适应性强，有一定的抗旱、抗寒力。

园林用途 基础种植及绿篱材料，可孤植或丛植于草坪边缘或路旁、河边。

植物文化 寓意绿化净化，记得我。

栀子花

名称 栀子花

学名 *Gardenia jasminoides*

别名 玉荷花、黄栀子、白蟾花

科属 茜草科栀子属

栀子花

栀子花属茜草科，常绿灌木花芳香。
叶片对生椭圆形，白花单生枝顶上。
花冠形似高脚碟，花期春夏果橙红。
栀子花开永恒爱，园林造景溢芬芳。

栀子花属茜草科
常绿灌木花芳香
叶片对生椭圆形
白花单生枝顶上
花冠形似高脚碟
花期春夏果橙红
栀子花开永恒爱
园林造景溢芬芳

特征 常绿灌木。枝丛生，干灰色，小枝绿色。叶大，对生或三叶轮生，有短柄，革质，倒卵形或矩圆状倒卵形，先端渐尖，色深绿，有光泽，托叶鞘状。6月开大型白花，重瓣，具浓郁芳香，有短梗，单生于枝顶。

习性 喜温暖、湿润环境，不甚耐寒。喜光，耐半阴，但怕曝晒。喜肥沃、排水良好的酸性土壤，在碱性土壤栽植时易黄化。萌芽力、萌蘖力均强，耐修剪更新。

园林用途 可用于庭园、池畔、阶前、路旁丛植或孤植；可在绿地组成色块，也可作花篱栽培。

植物文化 寓意坚强、永恒的爱和一生的守候。

朱　蕉

名称	朱蕉
学名	*Cordyline fruticosa*
别名	红竹、红叶铁树、千年木
科属	龙舌兰科朱蕉属

朱　蕉

朱蕉属龙舌兰科，直立灌木形美观。
色彩华丽又高雅，叶聚生于茎上端。
圆锥花序苞片大，花红青黄梗柄短。
盆栽缀室优雅致，清新悦目栽成片。

朱蕉属龙舌兰科
直立灌木形美观
色彩华丽又高雅
叶聚生于茎上端
圆锥花序苞片大
花红青黄梗柄短
盆栽缀室优雅致
清新悦目栽成片
丙申年秋月俊州作书

特征　常绿灌木。株高可达 3 米，茎直立，单干少分枝，茎秆上叶痕密集，叶聚生顶端，紫红色或绿色带红色条纹，革质阔披针形，中肋硬而明显，叶柄长 10～15 厘米，叶茎长 30～40 厘米，花为圆锥花序，着生于顶部叶腋，淡红色，果实为浆果。

习性　性喜高温多湿气候，属半阴植物。不能忍受北方地区烈日曝晒，完全蔽荫处叶片又易发黄。不耐寒，除广东、广西、福建等地外，均只宜置于温室内盆栽观赏，广泛栽种于亚洲温暖地区。

园林用途　株形美观，色彩华丽高雅，盆栽适用于室内装饰。盆栽幼株，点缀客室和窗台，优雅别致。成片摆放于会场、公共场所、厅室出入处，端庄整齐，清新悦目。数盆摆设于橱窗、茶室，更显典雅豪华。

植物文化　寓意青春永驻，清新悦目。

红背桂

名称　红背桂
学名　*Excoecaria cochinchinensis*
别名　紫背桂
科属　大戟科海漆属

红背桂

红背桂属大戟科，常绿灌木枝叶浓。
对生叶片狭椭圆，腹面绿色背面红。
雌雄异株花单生，红绿掀翻风吹动。
蒴果球形花全年，园林绿化景象荣。

园林绿化景象荣　蒴果球形花全年　红绿掀翻风吹动　雌雄异株花单生　腹面绿色背面红　对生叶片狭椭圆　常绿灌木枝叶浓　红背桂属大戟科　　红背桂

特征　　常绿灌木，高达 1 米多。叶对生，纸质，两面均无毛，腹面绿色，背面紫红或血红色。花单性，雌雄异株，聚集成腋生或稀兼有顶生的总状花序。蒴果球形。花期几乎全年。

习性　　不耐干旱，不甚耐寒，生长适温 15℃ ~ 25℃，冬季温度不低于 5℃。耐半阴，忌阳光曝晒，夏季放在庇荫处，可保持叶色浓绿。要求肥沃、排水好的沙壤土。

园林用途　　红背桂枝叶飘飒，清新秀丽。用于庭园、公园、居住小区绿化，茂密的株丛，鲜艳的叶色，与建筑物或树丛构成自然、闲趣的景观。

植物文化　　寓意繁荣，清新秀丽。

变叶木

名称	变叶木
学名	*Codiaeum variegatum*
别名	洒金榕
科属	大戟科变叶木属

变叶木

变叶木属大戟科，观叶灌木叶密生。
绿紫红黄多繁盛，总状花序叶腋生。
雌红雄白异序生，蒴果球形花秋月。
叶片形色多艳丽，园林绿化景名胜。

观变叶木属大戟科
绿紫红黄多繁盛
总状花雄白异序生
雌果红球形花秋月
蒴片形色多艳丽
园林绿化景名胜

特征 灌木或小乔木，高可达2米。枝条无毛，有明显叶痕。叶薄革质，形状大小变异很大。

习性 喜高温、湿润和阳光充足的环境，不耐寒。

园林用途 变叶木因在其叶形、叶色上变化显示出色彩美、姿态美，在观叶植物中深受人们喜爱，华南地区多用于公园、绿地和庭园美化，其枝叶是插花理想的配叶材料。

植物文化 寓意生命力强，绚丽多姿。

茉莉花

名称	茉莉花
学名	*Jsaminum sambac*
别名	茉莉、香魂、莫利花、没丽、没利、抹厉、末莉、末利、木梨花
科属	木樨科素馨属

茉莉花

茉莉花属木樨科，常绿灌木枝细长。
对生叶亮椭圆形，花冠白色溢芳香。
伞形花序夏秋开，根茎叶花皆良方。
忠贞质朴香魂茶，盆栽缀室清雅芳。

特征　常绿小灌木或藤本状灌木，高可达 3 米。枝条细长，小枝有棱角，有时有毛，略呈藤本状。单叶对生，光亮，宽卵形或椭圆形，花冠白色，极芳香。大多数品种的花期 6—10 月，由初夏至晚秋开花不绝，落叶型的冬天开花，花期 11 月—翌年 3 月。

习性　性喜温暖湿润，在通风良好、半阴的环境生长最好。土壤以含有大量腐殖质的微酸性沙质土壤为最宜。

园林用途　常绿小灌木类的茉莉花叶色翠绿，花色洁白，香味浓厚，为常见的庭园及盆栽观赏花卉。多用盆栽点缀室容，清雅宜人，还可加工成花环等装饰品。

植物文化　表示忠贞、尊敬、清纯、贞洁、质朴、玲珑、迷人。

夜来香

名称	夜来香
学名	*Telosma cordata*
别名	夜香花、夜光花、木本夜来香、夜丁香
科属	茄科夜香树属

夜来香

茄科植物夜来香，灌木藤状枝细长。
聚伞花序夜更香，花冠筒圆黄绿色。
对生叶长卵圆形，花期夏秋扑鼻芳。
幸福美好情激扬，庭园绿化香四方。

夜来香
茄科植物夜来香
灌木藤状枝细长
聚伞花序夜更香
花冠筒圆黄绿色
对生叶长卵圆形
花期夏秋扑鼻芳
幸福美好情激扬
庭园绿化香四方
乙未年夏月张峰作书

特征 常绿灌木。侧枝下垂；叶互生，卵形，先端渐尖，边缘波浪状；花序顶生或腋生，花为黄绿色，夜间极香，花期7—10月。

习性 阳性树种，怕霜冻，室温低于10℃则半休收藏，稍耐弱碱。

园林用途 可作盆栽观赏，地暖可露地栽培，布置于庭院、亭畔、塘边和窗前。

植物文化 寓意幸福美好。

朱 槿

名称 朱槿
学名 *Hibiscus rosa-sinensis*
别名 大红花、扶桑
科属 锦葵科木槿属

朱 槿

朱槿艳丽锦葵科，常绿灌木品种多。
叶似桑叶叫扶桑，上部叶腋生花朵。
花冠漏斗大红花，朝开暮落结蒴果。
四季繁花造景美，红花绿叶恋情歌。

特征 常绿大灌木。茎多分枝；叶互生，广卵形或狭卵形；花大，单生叶腋，有各种颜色，花漏斗形，单体雄蕊伸出于花冠之外，全年开花，花红色。

习性 喜温暖湿润气候，不耐寒，喜光，阴处也可生长，但甚少开花。

园林用途 朱槿花色鲜艳，花大形美，品种繁多，开花四季不绝，是著名的观赏花木。除盆栽观赏外，也常用于道路两侧、分车带及庭园、水滨的绿化。高大的单瓣品种，常植为绿篱或背景屏篱。

植物文化 象征热情、爽朗，寓意纤细之美、体贴之美、永葆清新之美。

勒杜鹃

名称	勒杜鹃
学名	*Bougainvillea glabra*
别名	三角梅、叶子花、宝巾
科属	紫茉莉科叶子花属

勒杜鹃

紫茉莉科勒杜鹃，常绿灌木藤状花。
卵状披针叶互生，茎枝带刺花艳华。
苞片叶状像花瓣，繁花似锦悬垂挂。
热情奔放叶子花，园林造景美如画。

园林造景美如畫
热情奔放叶子花
繁花似锦悬垂挂
苞片叶状像花瓣
茎枝带刺花艳华
卵状披针叶互生
常绿灌木藤状花
紫茉莉科勒杜鹃

勒杜鹃

乙未年夏月侯川书

特征　常绿攀援状灌木。枝具刺，拱形下垂。单叶互生，卵形或卵状披针形，全缘。花顶生，常3朵簇生于叶状苞片内，苞片卵圆形，白色，为主要观赏部位。

习性　喜温暖湿润气候，不耐寒，在3℃以上才可安全越冬，15℃以上方可开花。喜充足光照。对土壤要求不严，在排水良好，含矿物质丰富的黏重壤土中生长良好，耐贫瘠、耐碱、耐干旱，忌积水，耐修剪。

园林用途　勒杜鹃苞片大，色彩鲜艳，且开花持续时间长，宜庭园种植或盆栽观赏，还可作盆景、绿篱及修剪造型。

植物文化　寓意热情奔放。

金苞花

名称	金苞花
学名	*Pachystachys lutea*
别名	黄虾花
科属	爵床科单药花属

金苞花

金苞花属爵床科，常绿灌木花似虾。
茎节膨大叶对生，穗状花序耀金霞。
苞片金黄花白色，又名金苞虾衣花。
庭园盆栽花靓丽，百年好合金包银。

金苞花属爵床科
常绿灌木花似虾
茎节膨大叶对生
穗状花序耀金霞
苞片金黄花白色
又名金苞虾衣花
庭园盆栽花靓丽
百年好合金包银

特征　多年生常绿灌木。株高30～50厘米，多分枝，叶对生，椭圆形，亮绿色，有明显的叶脉。穗状花序生于枝顶，像一座金黄色的宝塔，苞片金黄色，花冠唇形，花期自春至秋季。

习性　喜阳光充足，光线越足，植株生长得越苗壮，株形越紧密，喜在高湿、高温的环境中栽培，越冬的最低温度不可低于10℃，否则停止生长，叶片脱落。土壤要求疏松、透气，忌用黏重土壤，较耐肥。

园林用途　金苞花花序大而密集，花色鲜艳美丽，深受人们喜爱，虽然引入我国的历史不长，但发展很快，目前国内许多城市均有栽培，宜室内栽培观赏，也可夏季栽植于花坛中。

植物文化　寓意百年好合、飞黄腾达。

一串红

名称	一串红
学名	*Salvia splendens*
别名	爆仗红、象牙红
科属	唇形科鼠尾草属

一串红

一串红属唇形科，花筒唇状色艳红。
草本花卉灌木状，四棱茎叶形不同。
总状花序枝顶生，酷似鞭炮挂空中。
花坛花丛最适宜，恋爱之心爆仗红。

一串红属唇形科
花筒唇状色艳红
草本花卉灌木状
四棱茎叶形不同
总状花序枝顶生
酷似鞭炮挂空中
花坛花丛最适宜
恋爱之心爆仗红

特征　多年生草本。常作一、二年生栽培，株高 30~80 厘米，方茎直立，光滑。叶对生，卵形，边缘有锯齿。轮伞状总状花序着生枝顶，唇形共冠，花冠、花萼同色，花萼宿存。变种有白色、粉色、紫色等，花期 7 月至霜降。小坚果，果期 10—11 月。

习性　喜温暖、湿润、阳光充足的环境，适应性较强，不耐寒，对土壤要求一般，较肥沃即可。

园林用途　常用作花坛、花境的主体材料，在北方地区常作盆栽观赏。

植物文化　寓意喜庆祥和，象征恋爱的心。

绣　球

名称	绣球
学名	*Hydrangea macrophylla*
别名	八仙花
科属	虎耳草科绣球属

绣　球

虎耳草科绣球花，茎基分枝灌木球。
阔椭圆叶枝圆柱，聚伞花序如绣球。
花朵密集多不育，绚丽多彩花海流。
何仙姑洒仙花籽，美满团圆八仙花。

虎耳草科绣球花
茎基分枝灌木球柱
阔椭圆叶枝圆柱
聚伞花序如绣球
花朵密集多不育
绚丽多彩花海流
何仙姑洒仙花籽
美满团圆八仙花
丙申年秋月俊昌墨

特征　落叶灌木，株高 1~4 米。叶椭圆形或倒卵形，边缘具钝齿。伞房花序顶生，球状。花几乎全为无性花，所谓的"花"只是萼片而已。

习性　为暖带阴性树种，较耐寒。适宜湿润、排水良好且富含腐殖质的壤土。

园林用途　可作切花、盆栽、庭院露地栽培。

植物文化　寓意希望、忠贞、美满。

三

草本类
CAOBENLEI

兰 花

名称	兰花
学名	*Cymbidium ssp.*
别名	中国兰、春兰、兰草
科属	兰科兰属

兰 花

兰系兰科草本花，唇形花姿叶细长。
绿艳端秀胜看花，喜生幽谷溢清香。
两性花单或多朵，假球茎下根系强。
高洁美好缀厅堂，花中君子美名扬。

特征 附生或地生草本，通常具假鳞茎。叶数枚至多枚，通常生于假鳞茎基部或下部节上。总状花序具数花或多花，较少减退为单花，萼片与花瓣离生，花两侧对称，通常有唇瓣。

习性 喜阴，怕阳光直射，喜湿润，忌干燥，喜肥沃、富含大量腐殖质的土壤，宜空气流通的环境。

园林用途 林下草坪的点缀，假山的衬托。古典式园林造型中多用，一般安于室内花架或案头上。

植物文化 象征美好、高洁、典雅、爱国和坚贞不渝。

菊 花

名称	菊花
学名	*Dendranthema morifolium*
别名	寿客、黄华、秋菊
科属	菊科菊属

菊 花

菊属菊科草本花，百花凋落秋艳华。
头状花序茎顶生，品种繁多美如画。
单叶互生多有柄，茎分地上和地下。
一枝金菊怀贞秀，不畏寒霜迎风笑。

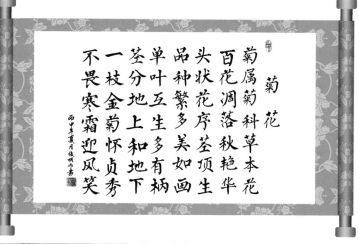

特征 多年生草本，高 60～150 厘米。茎直立，分枝或不分枝，被柔毛。叶互生，有短柄，叶片卵形至披针形，羽状浅裂或半裂。头状花序单生或数个集生于茎枝顶端，花色有红、黄、白、橙、紫、粉红、暗红等各色。雄蕊、雌蕊和果实多不发育。花期 9—11 月。

习性 喜阳光，忌荫蔽，较耐旱，怕涝。喜温暖湿润气候，但亦能耐寒。

园林用途 为优良的盆花、花坛、花境用花及切花材料，可以单独组成大规模展览。

植物文化 寓意清净、高洁。

千日红

名称 千日红

学名 *Gomphrena globosa*

别名 百日红

科属 苋科千日红属

千日红

苋科植物千日红，开花不凋色艳红。
直立草本一年生，茎叶密披灰毛绒。
头状花序花期长，花后不落色艳浓。
园林造景干花美，不灭之爱百日红。

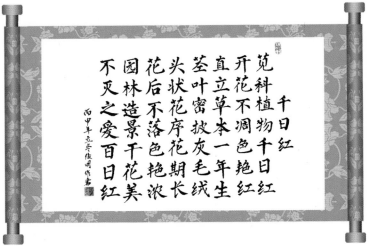

特征 一年生直立草本，株高 20 ~ 60 厘米。全株密被灰白色柔毛。茎粗壮，有沟纹，节膨大，多分枝，单叶互生，椭圆或倒卵形，全缘，有柄；头状花序单生或 2 ~ 3 个着生枝顶，花小，每朵小花外有 2 个腊质苞片，并具有光泽，观赏期 8—11 月。

习性 喜光，喜炎热干燥气候和疏松肥沃土壤，不耐寒。

园林用途 布置夏秋季花坛、花境及制作花篮、花环的良好材料。

植物文化 寓意永恒的爱、不朽的恋情。

太阳花

名称	太阳花
学名	*Portulaca grandiflora*
别名	大花马齿苋、半支莲、松叶牡丹、龙须牡丹、金丝杜鹃
科属	马齿苋科马齿苋属

太阳花

马齿苋科太阳花，草本花卉多年生。
茎圆平卧分枝多，节上长毛叶互生。
昼开夜合花色多，花生枝端好名声。
热情阳光绽笑容，园林绿化景致深。

园　热　花　昼　节　茎　草　马
林　情　生　开　上　圆　本　齿
绿　阳　枝　夜　长　平　花　苋
化　光　端　合　毛　卧　卉　科　太
景　绽　好　花　叶　分　多　阳
致　笑　名　色　互　枝　年　花
深　容　声　多　生　多　生

特征　一年生草本，高 10～30 厘米。茎平卧或斜上升，紫红色，多分枝，节上丛生毛。不规则互生，叶片细圆柱形。花单生或数朵簇生枝端，花瓣 5 片或重瓣，倒卵形，顶端微凹，红色、紫色或黄白色。蒴果近椭圆形，盖裂。花期 6—9 月。

习性　喜温暖、阳光充足的环境，阴暗潮湿之处生长不良。极耐瘠薄，一般土壤都能适应，特别喜好排水良好的沙质土壤。

园林用途　可广泛栽培于各地庭园，或种于楼房居室，盆栽美化居室阳台、窗台。

植物文化　寓意热情，阳光；乐观勇敢，自强不息，欣欣向荣。

水仙花

名称	水仙花
学名	*Narcissus tazetta chinensis*
别名	凌波仙子、金盏银台、玉玲珑、金银台、天蒜
科属	石蒜科水仙属

水仙花

水仙花属石蒜科，漳州雅蒜最盛名。
鳞茎肥白须根玉，得水盆栽独钟情。
带状绿叶如翠袖，凌波仙子寒香清。
花似玉盘托金杯，思念团圆呈吉祥。

思念团圆呈吉祥
花似玉盘托金杯
凌波仙子寒香清
带状绿叶如翠袖
得水盆栽独钟情
鳞茎肥白须根玉
漳州雅蒜最盛名
水仙花属石蒜科

水仙花

乙未年冬月俊州作书

特征 多年生草本。叶宽线形，扁平，钝头，全缘，粉绿色。伞形花序；佛焰苞状总苞膜质；花梗长短不一；花被卵圆形至阔椭圆形，顶端具短尖头，扩展，白色，芳香；蒴果室背开裂。花期春季。

习性 喜阳光充足，能耐半阴，不耐寒。7—8月落叶休眠，具秋冬生长，早春开花，夏季休眠的生理特性。

园林用途 水仙花在室内，能让人感到宁静、温馨，营造出一种恬静舒适的气氛。吸收室内发出的噪音、放出的废气，释放出清新的空气。

植物文化 象征思念，表示团圆、万事如意、吉祥、美好和纯洁的爱情。

大丽花

名称	大丽花
学名	*Dahlia pinnata*
别名	大理花、天竺牡丹、东洋菊、大丽菊、西番莲、地瓜花
科属	菊科大丽花属

大丽花

菊科植物大丽花，块根草本多年生。
茎粗直立多分枝，叶片羽状分裂深。
头状花序花朵大，绚丽多姿花期盛。
花坛花境造景美，大吉大利美名声。

花坛花境造景美
绚丽多姿花期盛
头状花序花朵大
叶片羽状分裂深
茎粗直立多分枝
块根草本多年生
菊科植物大丽花

大丽花

乙未年十月威州作书

特征 多年生草本，有巨大棒状块根。头状花序。舌状花1层，白色、红色或紫色，长卵形，顶端有不明显的3齿，或全缘；管状花黄色，有时栽培种全部为舌状花。瘦果长圆形。花期6—12月，果期9—10月。

习性 喜半阴，阳光过强影响开花。喜凉爽，9月下旬开花最大、最艳、最盛，但不耐霜，霜后茎叶立刻枯萎。生长期内对温度要求不严。不耐干旱，不耐涝。适宜栽培于土壤疏松、排水良好的肥沃沙质土壤中。

园林用途 适宜花坛、花境或庭前丛植，矮生品种可作盆栽。

植物文化 寓意大吉大利。

美人蕉

名称	美人蕉
学名	*Canna glauca*
别名	佛罗里达美人蕉
科属	美人蕉科美人蕉属

美人蕉

美人蕉科美人蕉，草本花卉多年生。
单叶互生长卵圆，总状花序花单生。
绿叶红花花朵大，全年绽放花繁盛。
地种盆栽皆适宜，美好未来景致深。

特征 多年生大型草本植物。叶片长披针形，蓝绿色；总状花序顶生，多花；雄蕊瓣化；花径大，花呈黄色、红色或粉红色。

习性 生性强健，适应性强，喜光，怕强风，适宜于潮湿及浅水处生长，在肥沃的土壤或沙质土壤中都可生长良好。

园林用途 适合大片的湿地自然栽植，也可点缀在水池中，还是庭院观花、观叶良好的花卉植物，可作切花材料。

植物文化 寓意美好的未来。

向日葵

名称　向日葵
学名　*Helianthus annuus*
别名　朝阳花
科属　菊科向日葵属

向日葵

向日葵花属菊科，一年草本朝阳花。
叶分子叶和真叶，互生对生列上下。
头状花序生茎顶，茎秆圆形根发达。
一片丹心永向阳，园林造景美如画。

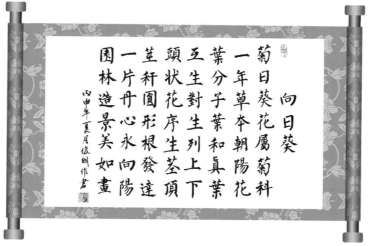

特征　一年生草本，高 1～3.5 米。茎直立，圆形多棱角，质硬被白色粗硬毛。广卵形的叶片通常互生，边缘具粗锯齿，两面粗糙，被毛，有长柄。头状花序，直径 10～30 厘米，单生于茎顶或枝端。总苞片多层，叶质，覆瓦状排列，被长硬毛，夏季开花，花序边缘生中性的黄色舌状花，不结实。花序中部为两性管状花，棕色或紫色，能结实。

习性　性喜暖和，需全日照的栽培条件，耐旱，耐盐性较强。

园林用途　用于布置夏、秋季花坛、花境，也可作切花。

植物文化　寓意沉默的爱，爱慕，忠诚。

百日菊

名称 百日菊

学名 *Zinnia elegans*

别名 百日草、步步高、火球花、对叶菊、秋罗、步步登高

科属 菊科百日菊属

百日菊

菊科植物百日菊，花大色艳开花早。

直立草本一年生，叶椭圆形茎披毛。

头状花序枝顶生，花开朵朵竞相邀。

一朵更比一朵高，园林造景步步高。

园林造景步步高 一朵更比一朵高 花开朵朵竞相邀 头状花序枝顶生 叶椭圆形茎披毛 直立草本一年生 花大色艳开花早 菊科植物百日菊 百日菊

特征 一年生草本。株高 60~75 厘米，全株具毛。叶对生，卵形或长椭圆形，基部抱茎。头状花序，花径约 4 厘米，紫色，花期夏秋。瘦果扁平。

习性 喜温暖，喜光，亦耐半阴，耐旱，忌酷暑、湿涝。要求土壤肥沃，排水良好。

园林用途 百日菊色彩鲜艳，花期长，是园林中重要的夏季花卉。可用于布置花坛、花境，丛植、条植均可。

植物文化 寓意兴奋热情，步步登高；想念远方朋友，天长地久。

四季海棠

名称	四季海棠
学名	*Begonia semperflorens*
别名	蚬肉秋海棠、玻璃翠
科属	秋海棠科秋海棠属

四季海棠

秋海棠科秋海棠，肉质草本花期长。
基部叶茂分枝多，叶色油绿发光亮。
四季海棠姿秀美，花朵簇生艳玲珑。
大众乐见生相思，千年盆栽来观赏。

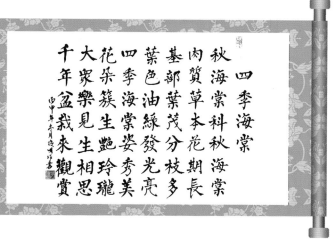

特征 肉质草本。高 15~30 厘米；根纤维状；茎直立，肉质，无毛，基部多分枝，多叶。叶卵形或宽卵形，长 5~8 厘米，基部略偏斜，边缘有锯齿和毛，两面光亮，绿色，但主脉通常微红。花淡红或带白色，数朵聚生于腋生的总花梗上。

习性 性喜阳光，稍耐阴，怕寒冷，喜温暖，适宜稍阴湿的环境和湿润的土壤，但怕热及水涝，夏天注意遮阴和通风排水。

园林用途 因其开花时美丽娇嫩，适于庭、廊、案几、阳台、会议室台桌、餐厅等处摆设点缀。

植物文化 寓意相思、呵护、诚恳、单恋、苦恋。

矮牵牛

名称	矮牵牛
学名	*Petunia hybrida*
别名	碧冬茄
科属	茄科碧冬茄属

矮牵牛

矮牵牛花属茄科，草本花卉喇叭花。
匍地生长茎披毛，叶片卵形单生花。
开花繁盛花期长，品种极多色艳华。
牵牛花开话安心，园林造景美如画。

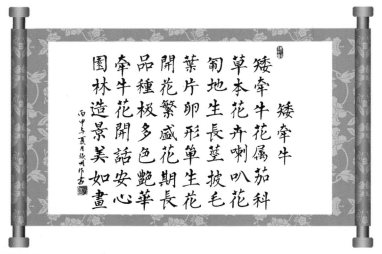

特征 多年生草本。常作一、二年生栽培，株高40～60厘米，全株被粘毛，茎基部木质化，嫩茎直立，老茎匍匐状。单叶互生，卵形，全缘，近无柄，上部叶对生。花单生叶腋或顶生，花较大，花冠漏斗状，边缘5浅裂，花色为紫红、白、黄、间色等，有单瓣和重瓣两种，花期4—10月。蒴果，种子数多。

习性 喜温暖、湿润的环境，喜光，不耐寒，也不耐酷暑，要求通风良好，喜疏松、排水良好的微酸性土壤。

园林用途 可用作花坛布景。

植物文化 寓意爱情、冷静、虚幻。

旅人蕉

名称	旅人蕉
学名	*Ravenala madagascariensis*
别名	旅人木、扁芭槿、扇芭蕉
科属	旅人蕉科旅人蕉属

旅人蕉

旅人蕉科旅人蕉，热带风光风情现。
叶片排列于茎顶，好像一把大折扇。
叶片长圆似蕉叶，聚伞花序花腋生。
叶柄如似饮水站，沙漠旅行救护神。

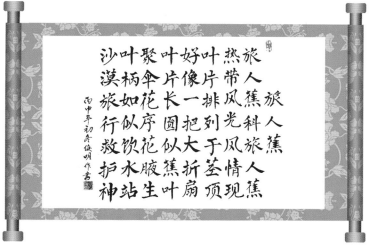

特征　常绿乔木状，多年生草本植物。株高5~6米（最高可达30米）。树干直立丛生，圆柱干形似棕榈。叶长圆形，外形像蕉叶，二行排列整齐二纵裂，互生于茎顶。花为穗状花序腋生。果为蒴果，形似香蕉。种子肾形。

习性　喜生长于温暖湿润的气候，阳光充足的环境，夜间温度不能低于8℃。要求疏松、肥沃、排水良好的土壤，忌低洼积涝。

园林用途　叶硕大奇异，姿态优美，极富热带风光，适宜在公园、风景区栽植观赏。叶柄内藏有许多清水，可解游人之渴。

植物文化　寓意解人之困顿，救人于危难，舍己助人。

凤仙花

名称 凤仙花

学名 *Impatiens balsamina*

别名 指甲花、急性子、凤仙透骨草

科属 凤仙花科凤仙花属

凤仙花

草本花卉一年生，凤仙花科凤仙花。

直立茎节常膨大，花叶染红指甲花。

叶片互生披针形，花似彩凤色艳华。

凤仙金童别碰我，花坛花境美如画。

花凤花叶花直凤草
坛仙似片立仙本
花金彩叶茎花花
境童凤互红卉
美别色生指科一
如碰艳披甲凤年
画我华针红形生仙
花

特征 一年生草本，高 60～100 厘米。茎粗壮，肉质，直立，不分枝或有分枝。叶互生，最下部叶有时对生，边缘有锐锯齿，基部常有数对无柄的黑色腺体。花单生或 2～3 朵簇生于叶腋，白色、粉红色或紫色，单瓣或重瓣。蒴果宽纺锤形，花期 7—10 月。

习性 性喜阳光，怕湿，耐热不耐寒。喜向阳的地势和疏松肥沃的土壤，在较贫瘠的土壤中也可生长。

园林用途 我国各地庭园广泛栽培，为常见的观赏花卉，同时也是美化花坛、花境的常用材料，可丛植、群植和盆栽，也可作切花水养。

植物文化 寓意怀念过去，不要碰我。

石 竹

名称	石竹
学名	*Dianthus chinensis*
别名	洛阳花、中国石竹、中国沼竹
科属	石竹科石竹属

石 竹

石竹花属石竹科，茎叶似竹草本花。
春风吹开石竹花，从春至秋花艳华。
花单生对生枝头，园林造景蝶恋花。
石竹妈感动花仙，女人美花遍地开。

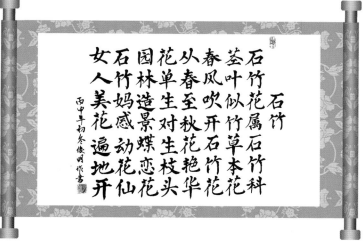

特征 多年生草本，高 30 ~ 50 厘米。茎由根颈生出，疏丛生，直立。叶片线状披针形，长 3 ~ 5 厘米，宽 2 ~ 4 厘米，顶端渐尖，中脉较显。

习性 耐寒、耐干旱，不耐酷暑。喜阳光充足、干燥、通风及凉爽湿润气候。要求土壤肥沃、疏松，排水良好。

园林用途 可用于花坛、花境、花台或盆栽。大面积成片栽植时可作景观地被材料，另外石竹有吸收二氧化硫和氯气的本领。切花观赏亦佳。

植物文化 寓意母亲的爱、才能、大胆、女性美。

彩叶草

名称	彩叶草
学名	*Plectranthus scutellarioides*
别名	锦紫苏、洋紫苏、五色草
科属	唇形科鞘蕊花属

彩叶草

彩叶草属唇形科，观叶花卉品种多。
单叶对生卵圆形，叶面斑纹色彩多。
茎四棱形多年生，圆锥花序生枝头。
绝望恋情彩叶美，花坛花篮图案多。

彩叶草属唇形科
观叶花卉品种多
单叶对生卵圆形
叶面斑纹色彩多
茎四棱形多年生
圆锥花序生枝头
绝望恋情彩叶美
花坛花篮图案多

特征 多年生草本。常作一、二年生栽培，植高50～80厘米，全株被茸毛，方茎，分枝少，茎基部木质化。叶对生，卵形，先端尖，边缘有锯齿，绿色的叶面上有紫红色或异色斑纹或斑块，轮伞状总状花序，唇形花冠，花淡蓝色或带白色，花期8—9月。

习性 喜温暖、向阳及通风良好的环境，耐寒能力较弱，冬季一般在10℃以上才能安全越冬，温度过低叶片易变黄脱落，夏季高温时需适当遮阴。

园林用途 为常见的盆栽观赏植物，亦可作花坛布置材料，还可做插花装饰的材料。

植物文化 寓意绝望的恋情。

长春花

名称	长春花
学名	*Catharanthus roseus*
别名	日日草
科属	夹竹桃科长春花属

长春花

夹竹桃科长春花，草本灌状多年生。
茎直立且多分枝，叶片椭圆状对生。
从春到秋花不断，园林造景日日新。
聚伞花序花紫红，青春常在四时春。

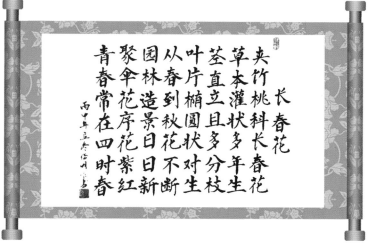

青春常在四时春
聚伞花序花紫红
园林造景日日新
从春到秋花不断
叶片椭圆状对生
茎直立且多分枝
草本灌状多年生
夹竹桃科长春花

长春花

丙申立春信可书

特征 多年生半灌木。常作一、二年生栽培，高 30~60 厘米。单叶对生，倒卵状矩圆形，浓绿色而具光泽，叶脉浅色。聚伞花序顶生或腋生，花冠深玫瑰红色，花径约 3 厘米，雄蕊处红色，花期春季到深秋。蓇葖果，果期 9—10 月。

习性 喜光，喜温暖湿润环境，对土壤要求不严，半耐寒或不耐寒。

园林用途 用于春、秋季花坛布置，北方也用于盆栽，四季可赏花。

植物文化 寓意愉快的回忆、青春常在、坚贞。

鸡冠花

名称	鸡冠花
学名	*Celosia cristata*
别名	红鸡冠、小头鸡冠
科属	苋科青葙属

鸡冠花

苋科植物鸡冠花，直立草本一年生。
花序红色平扁状，形似鸡冠得名声。
观叶观花品种多，夏秋开花似火盛。
美化净化环境好，真爱永恒景致深。

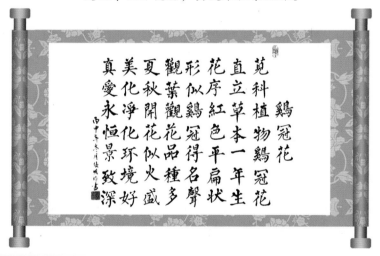

真美夏觀形花直苋
愛化秋葉序立科
永净開觀似鸡草植
恒化花花鸡冠本物
景環花似冠得一鸡
致境火品火名年冠
深好盛種状聲生花
　　多　　　　 鸡
　　　　　　　 冠
　　　　　　　 花

特征　一年生草本。株高 30 ~ 90 厘米，茎直立，少分枝，单叶互生，卵形或线状披针，全缘，绿色或红色，叶脉明显，叶面皱褶。穗状花序单生茎顶。花托似鸡冠，红色或黄色，还有红、黄相间色。花小，小苞片，萼片红色或黄色。花期 7—9 月。胞果卵形，种子细小，亮黑色。

习性　喜光，喜炎热干燥的气候，不耐寒，不耐涝，能自播，耐瘠薄，生长性强。

园林用途　花序形状奇特，色彩丰富，植株又耐旱，可用于布置秋季花坛、花境，也可盆栽或作切花。

植物文化　寓意真挚永恒的爱。

吊 兰

名称	吊兰
学名	*Chlorophytum comosum*
别名	垂盆草、挂兰、钓兰、兰草、折鹤兰
科属	百合科吊兰属

吊 兰

吊兰属于百合科，常绿草本多年生。
丛生叶片似兰花，叶丛抽出花茎来。
花茎下垂小株生，小株荡秋白花开。
婆娑盆中藏希望，飘逸厅堂散芬芳。

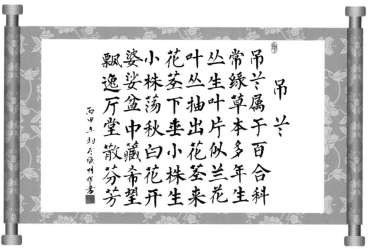

飘逸厅堂散芬芳
婆娑盆中藏希望
小株荡秋白花开
花茎下垂小株生
叶丛抽出花茎来
丛生叶片似兰花
常绿草本多年生
吊兰属于百合科

吊兰

丙申年初冬张明作书

特征 常绿多年生草本。地下部有根茎，肉质而短，横走或斜生。叶细长，线状披针形，基部抱茎，鲜绿色。叶腋抽生匍匐枝，伸出株丛，弯曲向外，顶端着生带气生根的小植株。花白色，花被6片，花期春夏季。

习性 喜温暖湿润，喜半阴，夏季忌烈日，土壤要求疏松肥沃，室温20℃时，茎叶生长迅速，冬季温度要求不低于5℃。

园林用途 极为良好的室内悬挂观叶植物，可镶嵌栽植于路边石缝中，或点缀于水石或树桩盆景上，皆别具特色。

植物文化 寓意无奈而又给人希望。

朱顶红

名称 朱顶红

学名 *Hippeastrum rutilum*

别名 孤挺花、百枝莲、华胄兰

科属 石蒜科孤挺花属

朱顶红

朱顶红属石蒜科，草本花卉多年生。

鳞茎肥大近球形，带状片叶侧对生。

侧立花朵胜百合，高挺花梗花顶生。

花大红艳渴望爱，庭园盆栽景色深。

庭花高侧带鳞草朱
园大挺立状茎本顶
盆红花花片肥花红
栽艳梗朵叶大卉属
景渴花胜侧近多石
色望顶百对球年蒜
深爱生合生形生科

丙申年初冬俊升作书

特征 多年生草本。地下鳞茎肥大球形。叶着生于炙茎顶部，带状质厚，花、叶同发，或叶发后数日即抽花莛，花莛粗壮，直立，中空，高出叶丛。近伞形花序，每个花莛着花 2 ~ 6 朵，花较大，漏斗状，红色或具白色条纹，或白色具红色、紫色条纹。花期 4—6 月。果实球形。

习性 春植球根，喜温暖，适合 18℃ ~ 25℃ 的温度，冬季休眠期要求冷凉干燥，适合 5℃ ~ 10℃ 的温度。喜阳光，但光线不宜过强；喜湿润，但畏涝；喜肥，要求富含有机质的沙质壤土。

园林用途 朱顶红花大，色艳，栽培容易，常作盆栽观赏或作切花，也可用于布置花坛，作切花的要在花蕾含苞待放时采收。

植物文化 寓意渴望被爱，追求爱。

紫罗兰

名称	紫罗兰
学名	*Matthiola incana*
别名	草紫罗兰、草桂花
科属	十字花科紫罗兰属

紫罗兰

十字花科紫罗兰，草本花卉花期长。
茎多分枝叶长圆，全株密被灰毛绒。
总状花序枝顶生，花盛色艳香气浓。
庭园盆栽景色美，绽放美与爱永恒。

绽庭花总全茎草十
放园盛状株本字
美盆色花密分花花紫
与栽艳序被枝卉罗
爱景香枝灰叶花兰
永色气顶毛长期
恒美浓生绒圆长兰

特征　二年生或多年生草本。株高20～70厘米，全株有灰白色星状柔毛。茎直立，多分枝。叶互生，矩圆形或倒披针形，总状花序顶生或腋生，花瓣4枚，有长爪，瓣铺张为十字形。花有紫红、淡红、淡黄、白色等，微香。

习性　半耐寒性，冬季可耐－5℃的低温，但生长不好，需加强保护。喜光，忌炎热，夏季需凉爽的环境。忌移植，忌水涝，直根系，喜肥沃、深厚及湿润的土壤。春化现象明显。

园林用途　主要用作盆栽观赏，也可于早春布置花坛，同时又是一种很好的切花材料。

植物文化　寓意永恒的美与爱；质朴、美德、盛夏的清凉。

紫背竹芋

名称	紫背竹芋
学名	*Stromanthe sanguinea*
别名	红背卧花竹芋
科属	竹芋科卧花竹芋属

紫背竹芋

紫背竹芋竹芋科，多年草本叶美丽。
单叶基生长椭圆，叶背紫色叶面绿。
白天展开夜折合，睡眠运动显神奇。
穗状花序红艳丽，园林造景秀雅致。

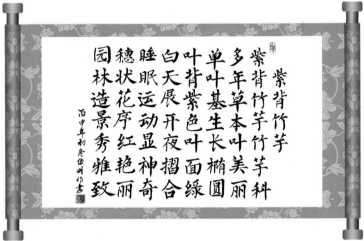

特征 多年生常绿草本。叶片基生，叶柄短，叶片长椭圆形至宽披针形，叶片正面绿色，背面紫红色。圆锥花序，苞片及萼片红色。

习性 要求非直射光的明亮环境，栽培基质为富含腐叶土或沙质壤土。

园林用途 适合庭院、围墙和假山栽培观赏。

植物文化 寓意艳丽而神奇。

万寿菊

名称	万寿菊
学名	*Tagetes erecta*
别名	蜂窝菊、万寿灯
科属	菊科万寿菊属

万寿菊

菊科花卉万寿菊，一年草本花期长。
直立茎粗具纵棱，分枝多向上平展。
片叶边缘有锯齿，羽状裂片长椭圆。
头状花序色橙黄，点缀花坛和广场。

点头羽片分直一菊
缀状状叶枝立年科
花花裂边多茎草花　万
坛序片缘向本本花　寿
和色长有上粗卉纵　菊
广橙椭锯平具寿棱
场黄圆齿展纵寿菊
　　　　　棱长菊

特征　一年生草本。株高 60~100 厘米，全株具异味，茎粗壮，绿色，直立。单叶羽状全裂对生，裂片披针形，具锯齿，上部叶时有互生，裂片边缘有油腺，锯齿有芒，头状花序着生枝顶，径可达 10 厘米，黄色或橙色，总花梗肿大，花期 8—9 月。瘦果黑色，冠毛淡黄色。

习性　喜光，喜温暖、湿润环境，不耐寒，不择土壤。

园林用途　用于布置夏秋季花坛、花境，高茎种可作切花。

植物文化　寓意甜蜜爱情、健康长寿。

韭 莲

名称 韭莲

学名 *Zephyranthes grandiflora*

别名 红玉帘、风雨花

科属 石蒜科葱莲属

韭 莲

韭莲属于石蒜科，草本植物多年生。
叶片线形似韭菜，鳞茎球状叶基生。
花单生于茎顶端，喇叭状花似水仙。
丛丛绿叶花粉红，风雨花盛景致深。

特征 多年生常绿球根花卉。株高 15～25 厘米。与葱兰相似，但鳞茎稍大，卵圆状，颈部稍短。叶较长而软，扁线形，稍厚。花漏斗状，显著具筒部，粉红色或玫红色。

习性 生性强健，耐旱抗高温，栽培容易，生育适温为 22℃～30℃，栽培土质以肥沃的沙质土壤为佳。

园林用途 适合庭园花坛缘栽或盆栽。

植物文化 寓意坚强、勇敢地面对挫折与困难。

花叶艳山姜

名称	花叶艳山姜
学名	*Alpinia zerumbet*
别名	花叶良姜
科属	姜科山姜属

花叶艳山姜

姜科花叶艳山姜，多年草本花叶奇。
叶大具鞘长椭圆，金黄斑纹色艳丽。
圆锥花序长下垂，花大清香花夏季。
观花观叶好迷人，园林造景秀雅致。

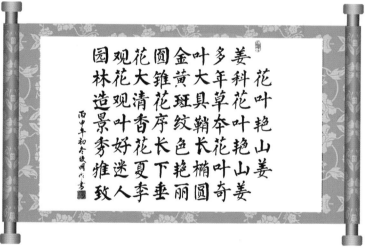

园林造景秀雅致
观花观叶好迷人
花大清香花夏季 李
圆锥花序长下垂
金黄斑纹色艳丽
叶大具鞘长椭圆
多年草本花叶奇
姜科花叶艳山姜
花叶艳山姜

丙申年初冬凌明作书

特征　多年生草本。株高 1 米左右，根茎横生。叶革质，有短柄，矩圆状披针形，长 50～60 厘米，宽 10～15 厘米，叶面有不规则金黄色的纵条纹。圆锥花序，下垂，苞片白色，边缘黄色，顶端及基部粉红色，花冠白色。花期 6—7 月。

习性　喜高温高湿的环境，喜光照。

园林用途　常以中小盆种植，摆放在客厅、办公室及厅堂过道等较明亮处，也可作为室内外花园点缀植物。

植物文化　寓意生机蓬勃，艳丽，迷人。

紫竹梅

名称	紫竹梅
学名	*Setcreasea pallidacv*
别名	紫鸭跖草、紫锦草
科属	鸭跖草科鸭跖草属

紫竹梅

鸭跖草科紫竹梅，多年草本身紫红。
茎呈蔓生多分枝，节生气根色紫红。
叶片互生长圆形，叶面绿紫背紫红。
花期夏秋花桃红，庭园盆栽景象荣。

特征 多年生草本。植株高20～30厘米，叶披针形，略有卷曲，紫红色，被细绒毛。春夏季开花，花色桃红，在日照充分的条件下花量较大。

习性 喜光也耐阴，喜湿润也较耐旱，对土壤要求不高。稍耐寒，长江流域背风向阳处可越冬。

园林用途 适于盆栽观赏。植于花台，下垂生长，十分醒目。

植物文化 寓意坚决、勇敢、无畏，率真朴实、怜爱、忧伤。

春 芋

名称	春芋
学名	*Philodenron selloum*
别名	裂叶喜林芋、春羽
科属	天南星科喜林芋属

春 芋

天南星科小天使，多年草本叶形奇。
叶片巨大羽深裂，叶身翠绿光亮丽。
叶柄长挺生气根，佛焰苞花开春季。
叶丛茎顶喜耐阴，盆栽水培缀厅堂。

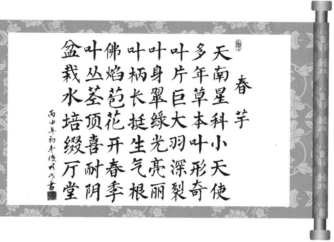

特征　多年生常绿草本。茎长约150厘米，有气生根。叶片羽状分裂，羽片再次分裂，有平行而显著的脉纹。花单性，佛焰苞肉质，白色或黄色，肉穗花序直立，稍短于佛焰苞。

习性　喜温暖、潮湿的环境，宜疏松、含腐殖质的土壤。

园林用途　用于盆栽布置宾馆、饭店的厅堂和室内花园、走廊、办公室等。

植物文化　寓意友谊、天使。

吊竹梅

名称	吊竹梅
学名	*Tradescantia zebrina*
别名	吊竹兰、斑叶鸭跖草
科属	鸭跖草科吊竹梅属

吊竹梅

鸭跖草科吊竹梅，多年草本叶片美。
匍匐茎蔓性生长，茎柔质脆可下垂。
叶面紫绿镶白银，叶片似竹互生位。
叶背紫色花紫红，庭园吊挂景致美。

庭园吊挂景致美 叶背紫色花紫红 叶片似竹互生位 叶面紫绿镶白银 茎柔质脆可下垂 匍匐茎蔓性生长 多年草本叶片美 鸭跖草科吊竹梅

特征 多年生匍匐草本。茎稍肉质，多分枝，匍匐生长，节上易生根。叶半肉质，无叶柄，叶椭圆状卵形，顶端短尖，全缘，表面紫绿色，杂以银白色条纹，叶背紫红色，叶鞘被疏毛，花数朵聚生于小枝顶端。

习性 喜温暖、湿润环境，喜阴，要求土壤为肥沃、疏松的腐殖质土。

园林用途 多悬挂布置，在窗前悬挂，犹如绿纱窗帘。

植物文化 寓意朴实、纯洁、淡雅。

四

藤本类
TENGBENLEI

炮仗花

名称	炮仗花
学名	*Pyrostegia venusta*
别名	鞭炮花、黄鳝藤
科属	紫葳科炮仗藤属

炮仗花

炮仗花属紫葳科，常绿攀援能力强。
对生叶上有卷须，垂直绿化作花墙。
红橙花朵累成串，状如鞭炮得名堂。
阳春时节花怒放，富丽堂皇呈吉祥。

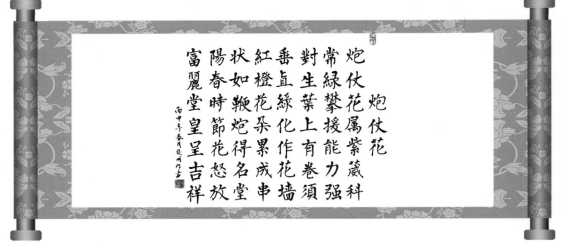

特征 常绿大藤本植物。叶对生；小叶 2～3 枚，卵形。圆锥花序着生于侧枝的顶端。花冠筒状。果瓣革质。具有 3 叉丝状卷须。

习性 喜向阳环境和肥沃、湿润、酸性的土壤。

园林用途 种植于庭院、栅架、花门和栅栏，作垂直绿化。

植物文化 象征热闹喜庆，阳光勇敢。寓意驱除邪恶，祈祷安康。

爬山虎

名称	爬山虎
学名	*Parthenocissus tricuspidata*
别名	爬墙虎、地锦
科属	葡萄科爬山虎属

爬山虎

爬山虎属葡萄科，形态极似野葡萄。
落叶藤本多年生，枝有卷须善攀绕。
夏绿秋红叶互生，夏季黄花成簇小。
增氧降温减尘噪，垂直绿化好材料。

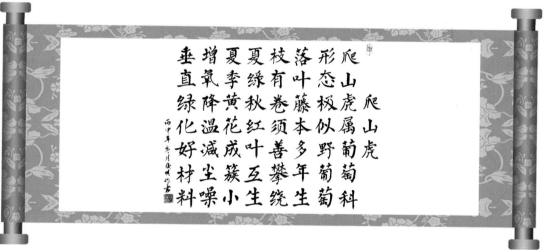

特征 多年生落叶大藤本。卷须短且多分枝，端具黏性吸盘，能攀附墙壁、岩石向上生长。叶广卵形，先端略呈3尖裂，幼苗或老株基部萌条上所生之叶常为3小叶构成的掌状复叶，缘有粗齿。花为淡绿色。花期6月。

习性 性耐寒，喜阴湿，雨季在蔓上易生气生根。在水分充足的向阳处也能迅速生长，对土壤适应性很强。

园林用途 爬山虎新叶嫩绿，秋叶橙黄或砖红色，是优美的墙面绿化材料，尤适宜攀附高大建筑物，也可用作园林地被植物，覆土护坡。

植物文化 寓意积极拼搏、奋发向上。

绿 萝

名称	绿萝
学名	*Epipremnum aureum*
别名	黄金葛、魔鬼藤
科属	天南星科麒麟叶属

绿 萝

绿萝属天南星科，大型藤本叶秀丽。
叶片翠绿卵圆形，茎喜攀援多分枝。
气根发达枝悬垂，盆栽居室净化器。
生命之花水培盛，守望幸福富生机。

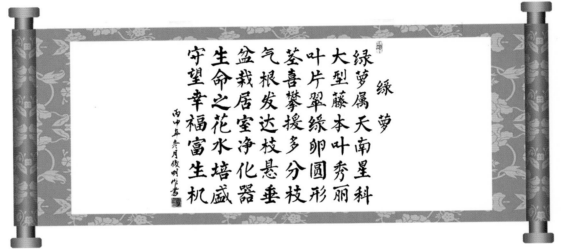

特征　常绿藤本植物。茎叶肉质，以攀援茎附于他物上，茎节有气根。叶广椭圆形，腊质，暗绿色，有的镶嵌着金黄色不规则斑点或条纹。

习性　喜温暖湿润和半阴环境，对光照反应敏感，怕强光直射，土壤以肥沃的腐叶土或泥炭土为好，冬季生长温度要求不低于15℃。

园林用途　绿萝叶片金绿相间，叶色艳丽悦目，株条悬挂、下垂，富于生机，可作柱式或挂壁式栽培，家庭可陈设于几架、台案等处，还可作插花衬材或吊盆栽植观赏。

植物文化　寓意生命之花，守望幸福。

龟背竹

名称	龟背竹
学名	*Monstera deliciosa*
别名	蓬莱蕉、铁丝兰、穿孔喜林芋
科属	天南星科龟背竹属

龟背竹

天南星科龟背竹，攀援灌木叶形奇。
羽状裂纹像龟背，叶大叶柄长直立。
茎节壮似罗汉竹，形如电线气根绮。
肉穗花序佛焰苞，健康长寿缀厅室。

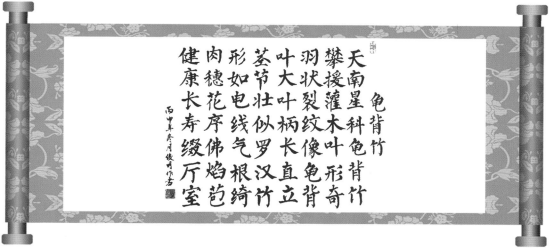

特征 半蔓型，茎粗壮，节多似竹，叶厚革质，互生，暗绿色或绿色；幼叶心脏形，没有穿孔，长大后叶呈矩圆形，具不规则羽状深裂，自叶缘至叶脉附近孔裂，如龟甲图案。花状如佛焰，淡黄色。

习性 喜温暖湿润的环境，忌阳光直射和干燥，喜半阴，耐寒性较强。生长适温为20℃~25℃，越冬温度为3℃，对土壤要求不甚严格，在肥沃、富含腐殖质的沙质壤土中生长良好。

园林用途 龟背竹株形优美，叶片形状奇特，叶色浓绿，且富有光泽，整株观赏效果较好。常以中小盆种植，置于室内客厅、卧室和书房的一隅；也可以大盆栽培，置于宾馆、饭店大厅及室内花园的水池边和大树下，颇具热带风光。

植物文化 象征健康长寿。

马缨丹

名称 马缨丹

学名 *Lantana camara*

别名 五色梅

科属 马鞭草科马缨丹属

马缨丹

马鞭草科马缨丹，蔓性灌木花期长。

枝叶被有短柔毛，茎枝带刺呈四方。

球状花序花色多，单叶对生气味浓。

园林绿化景观美，不择土壤繁殖强。

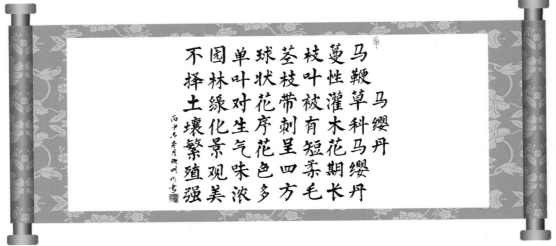

特征 常绿半藤本灌木。株高1～2米，枝四棱，叶对生，卵形或卵状长圆形，略皱。头状花序腋生，花冠黄、橙黄、粉红至深红色。花期6—10月。

习性 喜光，喜温暖湿润气候。适应性强，耐干旱瘠薄，但不耐寒，在疏松、肥沃、排水良好的沙质壤土中生长较好。

园林用途 优良的观赏灌木，花期长，花色丰富，适宜在园林绿地中种植，也可植为花篱，北方地区则盆栽观赏。

植物文化 寓意家庭和睦。

凌霄花

名称　凌霄花
学名　*Campsis grandiflora*
别名　紫葳、女葳花
科属　紫葳科凌霄属

凌霄花

凌霄花属紫葳科，攀援藤本花期长。
奇数羽状叶对生，借助气生根向上。
圆锥花序漏斗花，倒挂金钟色艳红。
庭园绿化景致美，慈母之爱五爪龙。

凌霄花

慈母之爱五爪龙
庭园绿化景致美
倒挂金钟色艳红
圆锥花序漏斗花
借助气生根向上
奇数羽状叶对生
攀援藤本花期长
凌霄花属紫葳科

特征　落叶木质大藤本。茎长约10米，茎节具气生根，赖此攀援。奇数羽状复叶，对生，小叶7~11枚，中卵形至长卵形，叶缘具粗锯齿数对。花大，漏斗状，短而阔，鲜红色或橘红色，圆锥状聚伞花序，顶生；花期6—8月。蒴果长条形，豆荚状；果熟期9—11月。种子多数，扁平，两端具翅。

习性　喜湿，喜暖，不耐寒，略耐阴。

园林用途　本种攀援力强，树形优美，花大而香，花色艳，花期长，分布广泛，适生范围大，适应性强，为攀援观赏植物中之上品，尤宜用来营造凉棚、花架，绿化阳台和廊柱。

植物文化　寓意敬佩和声誉，慈母之爱。

金银花

名称	金银花
学名	*Lonicera japonica*
别名	忍冬、金银藤、二色花藤、二宝藤、鸳鸯藤
科属	忍冬科忍冬属

金银花

金银花属忍冬科，缠绕藤本花夏季。
枝叶密生柔毛腺，藤为中空长细枝。
苞片叶状唇形花，一蒂二花鸳鸯戏。
花初银白后金黄，药用绿化美妙计。

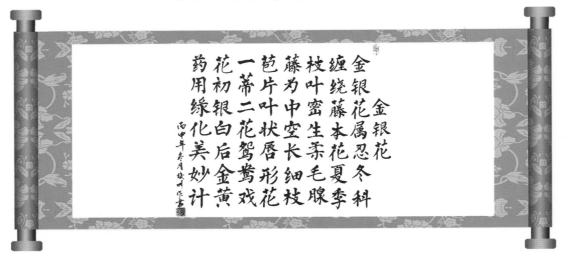

特征　半常绿缠绕藤本，小枝中空，有柔毛。叶卵形或椭圆形，两面具柔毛。花成对腋生，花由白色变为黄色，芳香，萼筒无毛；花期5—7月。浆果黑色，球形；10—11月果熟。

习性　喜温暖湿润气候，抗逆性强，耐寒又抗高温，但花芽分化适温为15℃左右，生长适温为20℃～30℃。耐涝、耐旱、耐盐碱。喜充足阳光。

园林用途　花叶俱美，常绿不凋，适宜于作篱垣、阳台、绿廊、花架、凉棚等垂直绿化的材料，还可以盆栽。

植物文化　寓意鸳鸯成对，厚道，真爱。

大花老鸭嘴

名称	大花老鸭嘴
学名	*Thunbergia grandflora*
别名	大邓伯花
科属	爵床科山牵牛属

大花老鸭嘴

大邓伯花爵床科，攀援灌木花硕大。
叶厚对生似瓜叶，蓝色花朵像喇叭。
全株茎叶被粗毛，总状花序凌空挂。
蓝花串串随风摇，棚架绿化景致佳。

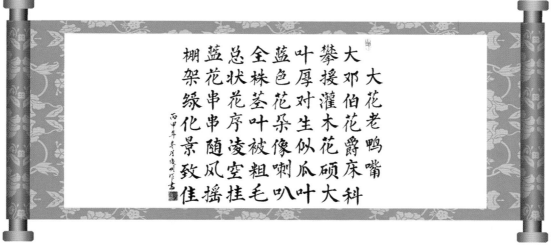

棚架绿化景致佳　蓝花串串随风摇　总状花序凌空挂　全株茎叶被粗毛　蓝色花朵像喇叭　叶厚对生似瓜叶　攀援灌木花硕大　大邓伯花爵床科

大花老鸭嘴

特征　木质大藤本。茎粗壮，长达7米以上，全株茎叶密被粗毛。叶厚，单叶对生，阔卵形，具3~5条掌状脉，叶缘有角或浅裂。总状花序，悬垂性，花大，腋生。花冠漏斗状，初花蓝色，盛花浅蓝色，末花近白色。蒴果下部近球形，上部具长喙，开裂时似乌鸦嘴。花期7—10月。

习性　喜温暖湿润及阳光充足的环境，不耐寒，稍耐阴，喜排水良好、湿润的沙质壤土。

园林用途　适合于大型棚架、中层建筑、篱垣的垂直绿化，也可用于城市堡坎、立交等。

植物文化　寓意一见钟情。

五

水生类
SHUISHENGLEI

荷 花

名称 荷花

学名 *Nelumbo nucifera*

别名 莲花、水芙蓉、藕花

科属 莲科莲属

荷 花

荷属莲科生水中，碧绿连天出艳红。
身处污泥而不染，白茎肥厚连丝空。
坚果莲蓬像风铃，花型繁多舞玲珑。
雨落翠盘变珍珠，月照芙蓉增色容。

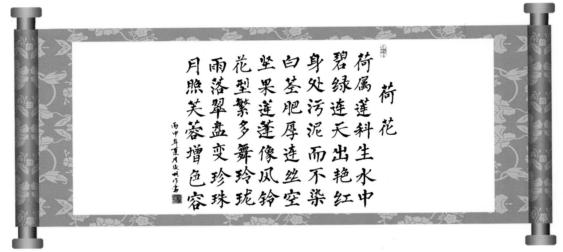

特征 多年生水生草本花卉。地下茎长而肥厚，有长节，叶盾圆形。花期6—9月，单生于花梗顶端，花瓣多数，有红、粉红、白、紫等色。坚果椭圆形，种子卵形。

习性 性喜相对稳定的平静浅水，湖沼、泽地、池塘是其适生地。荷花的需水量由其品种而定。喜光照的环境。

园林用途 园林水景中重要的挺水植物，最适宜丛植，点缀水面，丰富水景。

植物文化 寓意清白纯洁，出淤泥而不染。

睡 莲

名称	睡莲
学名	*Nymphaea tetragona*
别名	子午莲、水芹花
科属	睡莲科睡莲属

睡 莲

睡莲属于睡莲科，浮叶水生花艳华。
根状茎肥叶二型，昼开夜合单生花。
叶圆花大浮水面，净化水体景观化。
圣洁美丽化身花，园林造景美如画。

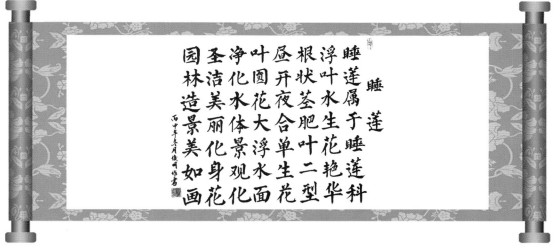

特征 多年生水生草本，根状茎肥厚。叶二型：浮水叶圆形或卵形，基部具弯缺，心形或箭形，常无出水叶；沉水叶薄膜质，脆弱。花大、美丽，浮在或高出水面；萼片近离生；花瓣白色、蓝色、黄色或粉红色，成多轮，有时内轮渐变成雄蕊。

习性 喜阳光，要求通风良好。喜富含有机质的壤土，对土质要求不严，pH 值 6～8 均可正常生长，最适水深 25～80 厘米，最深不得超过 80 厘米。

园林用途 花、叶俱美的观赏植物。园林水景中重要的浮水植物，最适宜丛植，点缀水面，丰富水景，尤其适应在庭院的水池中布置。庭园水景中常栽植各色睡莲，或盆栽，或池栽，供人观赏。

植物文化 寓意纯洁、富有朝气，出淤泥而不染。

附录：名词术语

一、叶的形态特征术语

1. 叶形

就是叶子的形状，也是叶片的轮廓，是植物分类的重要根据之一。常见的叶形有针形、披针形、倒披针形、条形、剑形、圆形、矩圆形、椭圆形、卵形、倒卵形、心形、倒心形、扇形、肾形、提琴形、盾形、箭头形、匙形、镰形、戟形、菱形、三角形、鳞形等。例如，柳树、松树、银杏的叶形分别是披针形、针形、扇形。

2. 复叶

二至多枚分离的小叶，共同着生在一个叶柄上，称为复叶，复叶的叶柄称总叶柄，它着生在茎或枝条上。在总叶柄以上着生小叶片的轴称叶轴。复叶中每一片小叶的叶柄，称为小叶柄。根据小叶在叶轴上排列方式和数目的不同，可分为掌状复叶、羽状复叶、三出复叶。

（1）掌状复叶：3 枚以上小叶着生于叶轴顶端，排列成掌状。如七叶树、发财树等的复叶。

（2）羽状复叶：小叶生于叶轴两侧，排成羽毛状。按小叶数目不同分类，有奇数羽状复叶、偶数羽状复叶。按叶轴分枝情况分类，有一回羽状复叶、二回羽状复叶、三回羽状复叶。如豆科的凤凰木、合欢、槐树、黄槐，蔷薇科的月季、玫瑰、蔷薇等。

（3）三出复叶：3 枚小叶集生于共同的叶柄末端，称为三出复叶。如半夏、橡胶树等。

3. 叶序的类型

叶在茎上排列的方式称为叶序。植物通过叶序，充分地接受阳光，利于光合作用。

（1）互生：在茎枝的每个节上交互着生一片叶，称为互生，例如樟树、向日葵。叶通常在茎上呈螺旋状分布，因此，这种叶序又称为旋生叶序。

（2）对生：在茎枝的每个节上相对地着生两片叶，称为对生，例如石竹、女贞。有的对生叶序的每节上，两片叶排列于茎的两侧，称为两列对生，如水杉。茎枝上着生的上、下对生叶错开一定的角度而展开，通常交叉排列成直角，称为交互对生，如女贞。

（3）轮生：在茎枝的每个节上着生三片或三片以上的叶，称为轮生。如夹竹桃三叶轮生。

（4）簇生：两片或两片以上的叶着生在节间极度缩短的茎上，称为簇生。例如，马尾松是两针一束，白皮松是三针一束，雪松多枚叶片簇生。在某些草本植物中，茎极度缩短，节间不明显，其叶恰如从根上成簇生出，称为基生叶，如蒲公英、车前。基生叶常集生成莲座状，称为莲座状叶丛，例如，凤梨科草本植物的叶呈莲座状叶丛。

二、花的形态特征术语

1. 花序

花序是指花在花轴上排列的情况。花序可分为无限花序（总状类花序）和有限花序（聚伞类花序）两大类。

（1）穗状花序：是无限花序的一种。其特点是花轴直立，其上着生许多无柄小花。小花为两性花。禾本科、莎草科、苋科和蓼种中许多植物都具有穗状花序。

（2）伞形花序：是无限花序的一种。其特点是花轴缩短，从一个花轴顶部伸出多个花梗近等长的花，整个花序形如伞，开花的顺序是由外向内。如朱顶红等石蒜科植物的花序。

（3）伞房花序：是无限花序的一种。其特点是花轴不分枝、较长，其上着生的小花花柄不等长，下部的花柄长，上部的花柄短，最终各花基本排列在一个平面上，开花顺序由外向内，如梨、苹果等。

（4）总状花序：是无限花序的一种。具有单一不分枝的花轴，其上着生具相同长度的小花梗的小花。十字花科以总状花序为重要特征。

（5）佛焰花序：是无限花序的一种。有的植物在肉穗花序外面包有一个大的苞片，称为佛焰苞，如马蹄莲、半夏等，这类花序又可称佛焰花序，为天南星科植物所特有。其基本结构与穗状花序相似，但花轴是肥厚肉质的，其上着生多数单性无柄小花，如玉米、香蒲的雌花序。

（6）隐头花序：花序的分枝肥大并愈合形成肉质的花座，其上着生有花，花座从四周把与花相对的面包围，从而形成隐头花序。小花多单性，雄花分布在内壁上部，雌花分布在下部，如无花果、薜荔等。

（7）头状花序：是无限花序的一种。其特点是花轴极度缩短、膨大成扁形；花轴基部的苞叶密集成总苞，如大丽花、向日葵、蒲公英等。花无梗，多数花集生于一花托上，形成状如头的花序，庞大的菊科植物几乎都是头状花序，故其成为菊科的特征。

（8）有限花序（聚伞类花序）：花序中最顶点或最中间的花先开，由于顶花的开放，限制了花序轴顶端继续生长，因而以后开花顺序渐及下边或周围。有限花序又称离心花序或聚伞类花序，如冬青、卫矛。

（9）雌雄异株：具单性花的植物，雌花和雄花分别生在不同的植株上，如银杏。

（10）雌雄同株：在同一单性花的植株上，既着生雌花，又着生雄花，如松树。

2. 花冠的类型

花冠，是一朵花中所有花瓣的总称，位于花萼的上方或内方，排列成一轮或多轮，多具有鲜亮的色彩，花开放以前保护花的内部结构，花开放以后靠美丽的颜色招引昆虫前来传粉，因形似王冠，故被称为"花冠"。常见类型有：

（1）十字花冠：花瓣4片，具爪，排列成十字形（瓣爪直立，檐部平展成十字形），为十字花科植物的典型花冠类型，如二月蓝、菘蓝等。

（2）蝶形花冠：花瓣5片，覆瓦状排列，最上面一片最大，称为旗瓣；侧面两片通常较旗瓣为小，且与旗瓣不同形，称为翼瓣；最下两片其下缘稍合生，状如龙骨，称龙骨瓣。常见于豆科植物。

（3）唇形花冠：花冠下部合生成管状，上部向一边张开，状如口唇，上唇常 2 裂，下唇常 3 裂，常见于唇形科植物，如一串红等。

（4）高脚碟形花冠：花冠下部合生成狭长的圆筒状，上部忽然呈水平扩大如碟状，常见于报春花科、木樨科植物，如迎春花、报春花等。

（5）漏斗状花冠：花冠下部合生成筒状，向上渐渐扩大呈漏斗状，常见于旋花科植物，如牵牛花等。

（6）钟状花冠：花冠合生成宽而稍短的筒状，上部裂片扩大呈钟状，常见于桔梗科、龙胆科植物，如桔梗、龙胆等。

（7）管状花冠：花冠大部分合生呈一管状或圆筒状，常见于菊科植物，如向日葵、菊花等头状花序上的盘花（靠近花序中央的花，管状花）。

（8）舌状花冠：花冠基部合生呈一短筒，上部合生向一侧展开如扁平舌状，常见于菊科植物如蒲公英、苦荬菜的头状花序上的全部小花，以及向日葵、菊花等头状花序上的边花（位于花序边缘的花，舌状花）。

3．花的类型

以花中雌蕊、雄蕊的有无分为：

（1）两性花：一朵花中雌蕊和雄蕊都具有的花，如桃花、牡丹、桔梗。

（2）单性花：仅有雄蕊或雌蕊的花，只有雄蕊的称雄花，只有雌蕊的称雌花，如瓜类、柳树、玉米、葫芦科的花。

（3）无性花：一朵花中，雄蕊和雌蕊均退化或发育不全的花，如八仙花序周围的花。

三、果实的类型

根据成熟果实的果皮是脱水干燥还是肉质多汁，将单果分为干果与肉质果。

1．干果

分为裂果和闭果。

（1）裂果（干果的果皮在成熟后可能开裂）。

①荚果：是由单心皮发育形成的果实，成熟时沿腹缝线和背缝线开裂，果皮裂成两片。为豆科植物所特有的果实。有的荚果肉质呈念珠状，如槐。

②蓇葖果：由 1 心皮或离生多心皮的子房发育形成，成熟时沿一个缝线（背缝线或腹缝线）开裂。蓇葖果见于多种不同类群的植物，包括萝藦科、芍药科、木兰科的部分植物等。如八角茴香、飞燕草、牡丹、芍药、木兰。

③角果：由 2 心皮 1 室或假 2 室的复雌蕊发育而成。成熟时，常沿两缝线开裂。如油菜、萝卜、白菜、荠菜等十字花科植物。萝卜等部分十字花科植物的角果成熟时不开裂。

④蒴果：由 3 个或 3 个以上心皮构成的复雌蕊发育形成。开裂方式多种：背裂、腹裂、孔裂、齿裂和周裂。

（2）闭果（干果的果皮不开裂）。

①瘦果。例如向日葵籽粒（带坚硬外壳），不属于种子；大丽花的瘦果长圆形。

②坚果：果实由子房发育而成，外包硬壳，如板栗、核桃等。

2．肉质果

（1）浆果：果实是真果，可食用部分是中果皮和内果皮，如葡萄、草莓等。

（2）核果：由一个心皮发育而成的肉质果。其外果皮薄，中果皮肉质，内果皮坚硬、木质，形成坚硬的果核，每核内含 1 粒种子，如桃、杏、胡桃等。

四、茎的类型

1. 按照茎的生长方式来划分

（1）直立茎：茎干垂直地面向上直立生长的称直立茎。具有直立茎的植物可以是草质茎，也可以是本质茎，如向日葵就是草质直立茎，而木棉树则是木质直立茎。

（2）缠绕茎：这种茎细长而柔软，不能直立，必须依靠其他物体才能向上生长，但它不具有特殊的攀援结构，而是以茎的本身缠绕于他物上，如牵牛花等。

（3）攀援茎：不能直立，靠卷须或吸盘的器官附着在别的东西上生长的茎，如爬山虎等。

（4）匍匐茎：这种茎细长柔弱，平卧地面，蔓延生长，一般节间较长，节上能生不定根，如草莓、番薯、狗牙根、结缕草等。

2. 按照茎的变态来划分

（1）茎卷须：在植物的茎节上，不是长出正常的枝条，而是长出由枝条变化成可攀援的卷须，这种器官称为茎卷须，如葡萄茎节上生有茎卷须。有一种很特殊的形态，就是在卷须分枝的末端，膨大成盘状，成为一个个吸盘，黏附于他物上，使植物体不断向上生长，如爬山虎。

（2）根茎：是某些多年生植物地下茎的变态，其形状如根，故称为根茎，如莲、芦苇、毛竹都有发达的根茎。俗称的藕就是莲的根茎，竹鞭就是竹的根茎，美人蕉是根茎类花卉。

（3）鳞茎：是茎的变态类型之一。某些植物的茎变得非常短，呈扁圆盘状，外面包有多片变化了的叶，这种变态的茎称为鳞茎，常见于百合科、石蒜科的植物，如洋葱、百合、蒜、水仙花等都具鳞茎。

（4）球茎：是茎的变态类型之一。节间缩短膨大为球形或扁球形的肉质地下茎，称为球茎。球茎是块茎与鳞茎之间的中间类型，外形似鳞茎，结构近似块茎。例如水仙花、郁金香、风信子、朱顶红等为球茎花卉。

五、气生根

气生根广义上是指由植物茎上生发的，生长在地面以上的、暴露在空气中的不定根，一般具无根冠和根毛的结构，如吊兰和龟背竹等，能起到吸收气体或支撑植物体向上生长，保持水分的作用。气生根又可分为支持根（像榕树能靠支持根形成"一树成林"的景观）、攀援根（像凌霄花等植物生出不定根来吸附攀援生长）和附生根（像兰科、天南星科植物生有附生根）。